新世纪地理科学野外实习系列丛书

地质学室内实验

齐　童　聂保锋　编著

中国环境出版集团·北京

图书在版编目（CIP）数据

地质学室内实验/齐童，聂保锋编著．—北京：中国环境出版集团，2019.10
（新世纪地理科学野外实习系列丛书）
ISBN 978-7-5111-4156-9

Ⅰ．①地…　Ⅱ．①齐…②聂…　Ⅲ．①地质学—实验—高等学校—教材　Ⅳ．①P5-33

中国版本图书馆 CIP 数据核字（2019）第 249823 号

出 版 人　武德凯
责任编辑　宾银平　沈　建
责任校对　任　丽
封面设计　彭　杉

出版发行　中国环境出版集团
（100062　北京市东城区广渠门内大街 16 号）
网　　址：http://www.cesp.com.cn
电子邮箱：bjgl@cesp.com.cn
联系电话：010-67112765（编辑管理部）
010-67113412（第二分社）
发行热线：010-67125803，010-67113405（传真）

印　　刷　北京中科印刷有限公司
经　　销　各地新华书店
版　　次　2019 年 10 月第 1 版
印　　次　2019 年 10 月第 1 次印刷
开　　本　787×1092　1/16
印　　张　8.25
字　　数　165 千字
定　　价　30.00 元

《新世纪地理科学野外实习系列丛书》
编 委 会

序

新世纪地理科学野外实习系列丛书终于和读者见面了。谨此献给首都师范大学60华诞！

首都师范大学资源环境与旅游学院地理科学专业是学院四个专业中最早建立的，建于1954年原北京师范学院建院之初。地理科学专业的同仁们秉承了老地理系的优良传统，教书育人、勤与教、精与育、导与学、贵与恒。本系列丛书的出版，无不凝聚着前辈老师们善行诱导和同学们的艰辛求索。

地理科学专业的特色之一是野外实践。大自然是学习地理学的第一课堂、是理论与实践相结合最好的实验室，是学好地理学不可或缺的教学过程。重视野外教学实践、重视理论联系实际、理论指导实践、实践验证理论，提高学生的专业技能是地理科学专业一贯秉承的教学理念，它是一把尺子，时时处处量度着我们教师的责任心。这些年来，无论培养目标如何改动、教学时数如何调整，野外实践教学始终保持着自己的特色和优势，成为地理科学专业的品牌。

系列丛书共6本。由《地图学实习简明教程》《地质学野外实习简明教程》《地质学室内实验》《自然地理实习指导：雾灵山土壤-植物地理》《地理科学专业实习实践成果——科研论文篇》《地理科学专业实习实践成果——实习报告篇》组成。本系列丛书较全面地反映了地理科学的专业特色以及野外教学实习成果。《地图学实习简明教程》主编常占强博士长期从事测量与地图学方面的研究，野外教学经历丰富；《地质学野外实习简明教程》主编齐童老师、刘永顺博士长期从事基础地质学、火山动力学、地貌学以及景观学教学和研究工作，有着20年以上的野外工作经历；《地质学室内实验》编著者齐童、聂宝锋两位教师都在火成岩岩石学、宝石鉴定方面专长突出，且多年讲授地质学、宝石学实验课程；《自然地理实习指导：雾灵山土壤-植物地理》主编李宏博士主要从事林学、景观规划和设计研究，野外工作经验丰富；学生野外实践成果和科学研究汇编主编分别是王学东博士和李业锦博士，两位教师都是年轻有为、学有所长、专注野外教学工作的青年教师。

系列丛书编委会成员是王学东、刘永顺、齐童、李宏、李业锦、徐建英、常占强，主编为齐童，副主编是常占强、王学东。在系列丛书编写过程中，得到了首都师范大学教务处资助和大力支持，王德胜处长亲自参加了丛书组稿的策划、讨论、定稿、定名，为系列丛书的出版倾注了大量心血，在此表示衷心的感谢！

丛书编委会

前　言

新世纪地理科学野外实习系列丛书和读者见面已经 5 年了。本书谨此献给首都师范大学 65 华诞。

首都师范大学资源环境与旅游学院地理科学专业是学院四个专业中最早建立的，建于 1954 年原北京师范学院建院成立之初。地理科学专业的同仁们秉承了老地理系的优良传统，教书育人、勤与教、精与育、导与学、责与恒。本系列丛书的出版，无不凝聚着老教师的善行诱导和同学们的艰辛求索。

高等师范院校地理科学本科实践教学在地理学一流师资人才培养过程中起着至关重要的作用，编写简明适用的实验教材是构建科学的高等地理学实践教学体系的基础。目前，基础岩矿课程地质专业院校已有大量正式出版的教材和配套的实验指导书，但对于高等师范院校地理科学专业的地质学基础课程而言，却鲜见一本与之配套的基础岩矿实验指导书。早在 20 世纪 50 年代建校初期，北京师范学院地质地貌教研室李景波先生曾依据地质院校的实践教学材料（室内实验和野外地质），编写了高等师范地理专业地质学基础教学的参考材料；90 年代，齐童老师和郑怀文老师在首都师范大学开设了与地质学基础配套的岩矿实验课程，并编写了《地质学基础实验指导书》，在地理师范专业地质学实践教学中发挥了良好的作用。

本书在首都师范大学《地质学基础实验指导书》的基础上，结合现行地理科学专业地质学和地质学实验课程的教学大纲，选取常见的矿物和岩石，并配以代表性岩石的显微岩相学特征和宝石学的一些基本内容，使高等师范院校地理科学专业学生在掌握地质学基本内容的基础上进一步拓展，增强综合实践能力。

本书第一章、第四章、第五章、第六章由齐童撰写，第二章、第三章由聂保锋撰写。姬潮、张曦、董宇航、王子鹤、陈鑫玥等同学参与了部分文字编辑、插图绘制和标本拍摄工作。齐童老师主审了本书全部内容，中国环境出版集团沈建老师提供了部分彩图照片。

由于时间仓促和编者水平有限，书中难免有错误和不当之处，敬请使用本书的师生和读者批评指正。

编著者

2019 年 6 月

目 录

第一章 矿 物

根据2008年的统计资料，已发现的矿物约有4 300种，近年来全球平均每年新发现矿物50余种，目前已发现的矿物将近5 000种。其中最常见的有五六十种，构成岩石主要成分的不过二三十种。通过矿物实习，同学们应该能够识别40余种最常见的矿物。

矿物的鉴定和研究方法是多种多样的。不同的鉴定方法，常从不同的方面、不同的角度直接或间接地鉴别矿物。随着现代科学技术发展，鉴定矿物的方法越来越多，其中有检测矿物化学成分的光谱分析、原子吸收光谱分析、极谱分析、化学分析和电子探针分析；有测定矿物某种物性或晶体结构数据，从而鉴别出矿物种属的比重测定法、显微镜观察法、电子显微镜观察法和X射线分析法，等等。但是，上述这些方法的采用，一般都要在肉眼初步鉴定的基础上进行。因此，对于学习矿物学来说，肉眼鉴定是一项必不可少的基本技能。

所谓肉眼鉴定主要是凭肉眼并借助某些简单工具（如小刀、放大镜、条痕板、磁铁等）观察和分析矿物的外部特征（形态、物理性质等）以达到对矿物予以粗略鉴定的目的。按照地质学室内实验教学大纲，一共安排四次矿物实习，主要采用这种方法。所以，必须熟练掌握。

第一节 矿物形态

矿物形态包括矿物的单体和集合体的外形特征。它是肉眼识别矿物的主要标志之一。

一、矿物的单体形态

（一）晶体和非晶质体

自然界矿物是呈固态存在的。根据矿物内部结构的特点可将其分为晶体和非晶质体两类。晶体矿物的内部质点（原子、离子或分子）按一定规律重复排列。这种有规律排列使晶体具有一定的内部结构和规则的几何外形（彩图1）。反之，非晶质矿物的内部质点（原子、离子或分子）呈无规则的排列。它没有规则的几何多面体外形，如火山玻璃和蛋白石等。

晶体的形态各异，大体上可分为单形和聚形两类。由同形等大的晶面构成的晶体称为单形，如立方体、菱形十二面体等。自然界中的晶体，共有 47 种不同的单形。由两个或两个以上的单形聚合在一起所构成的晶体称为聚形。例如，方铅矿就有立方体和八面体的聚形。一般来讲，在聚形中有多少种形状的晶面，就有多少种单形。常见的晶体形态见表 1-1，几种常见矿物单体及集合体形态见图 1-1。

表 1-1　常见的晶体形态

晶体名称	晶面数	晶体形态	常见矿物
立方体	6	正方形	方铅矿、黄铁矿、萤石
八面体	8	等边三角形	磁铁矿、黄铁矿、萤石
菱形十二面体	12	菱形	石榴子石、磁铁矿
五角十二面体	12	五边形	黄铁矿
四角三八面体	24	四边形	石榴子石
六方柱	6	矩形	石英、绿柱石、磷灰石
三方柱	3	矩形	电气石
斜方柱	4	四边形	正长石、角闪石、辉石
六方双锥	12	等腰三角形	磷灰石、高温石英
四方双锥	8	等腰三角形	锡石
三方双锥	6	等腰三角形	石英
菱面体	6	菱形	方角石、白云石
四方柱	4	矩形	锡石
平行双面	2	六方形	云母、石墨

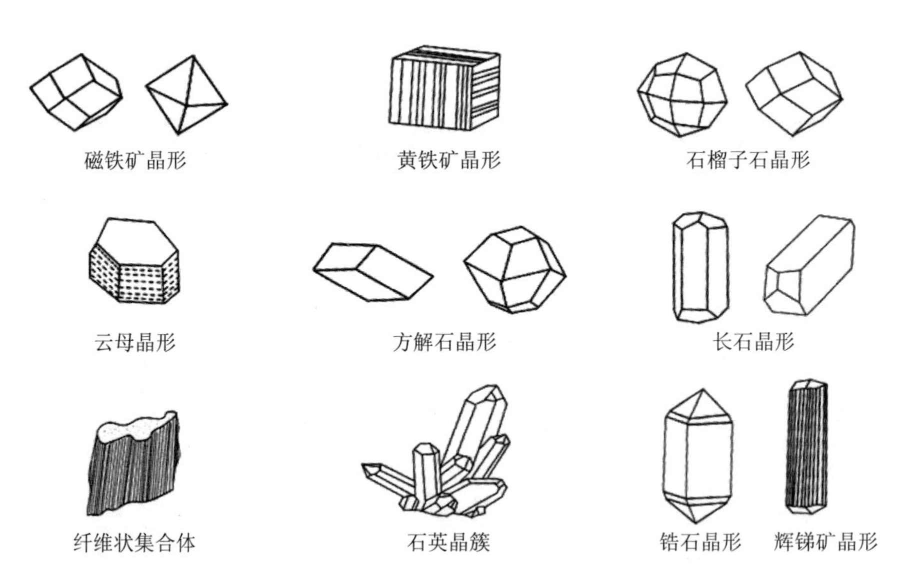

图 1-1　几种常见矿物单体及集合体形态（姬潮绘制）

（二）矿物的结晶习性

在相近地质条件下形成的同种矿物，常具有某种特定的晶体形态，这种现象称为矿物的结晶习性。根据矿物的结晶习性，可将矿物晶体分为三类：

一向延伸：晶体沿一个方向特别发育，其余两个方向发育较差。晶体呈柱状、针状、纤维状等，如绿柱石、石英、辉锑矿、纤维石膏等（彩图 1、彩图 7、彩图 9）。

二向延展：晶体沿两个方向特别发育，而第三个方向发育较差。晶体呈片状或板状，如云母、重晶石、黑钨矿等。

三向等长（等轴）：晶体沿三个方向大致同等发育，晶体呈粒状，如金刚石、石榴子石、黄铁矿、磁铁矿、方铅矿等（彩图 2、彩图 10）。

二、矿物集合体形态

由同种矿物的许多单体聚集在一起的整体称为集合体。按集合体中矿物晶体的可辨度分为显晶质集合体和隐晶质集合体（或胶态）两类。

（一）显晶质集合体

根据矿物的排列方式不同，将显晶质集合体分为规则集合体和不规则集合体两种类型。

规则集合体：两个或两个以上的矿物单体按一定规律生长在一起，称为矿物的连生。最常见的是双晶。双晶是指两个或两个以上的同种晶体，彼此按一定的对称关系相互结合而成的规则连生体。最常见的有三种类型：由两个相同的晶体，以一个简单平面相接触而成称为接触双晶，如石膏的燕尾双晶、锡石的膝状双晶；由两个相同的晶体，按一定角度互相穿插而成称为穿插双晶，如萤石的穿插双晶、正长石的卡氏双晶；由多个晶体以接触双晶的关系多次重复，其结合面相互平行而成称为聚片双晶，如斜长石的聚片双晶（图 1-2）。

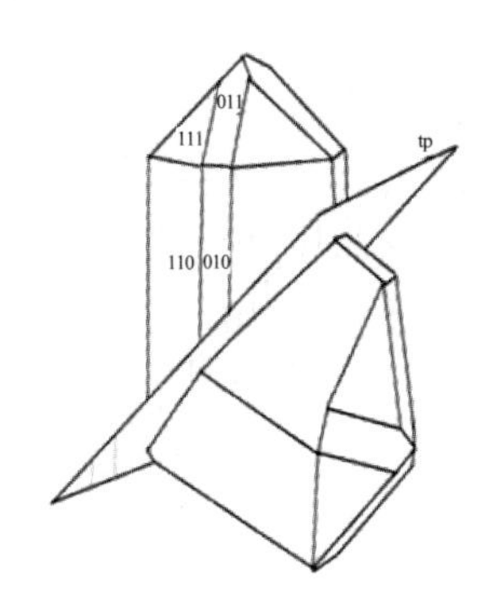

（a）锡石的接触双晶

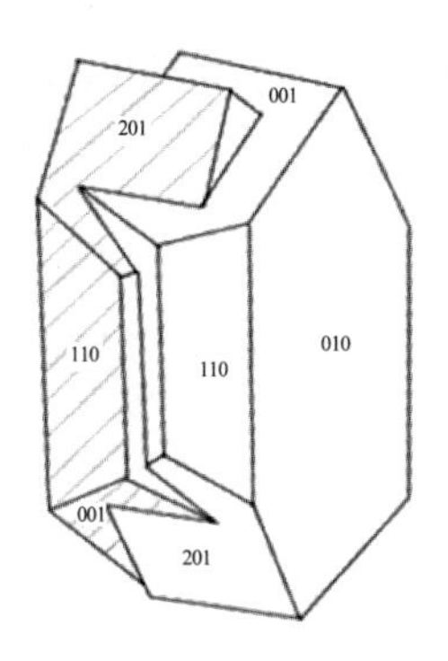

（b）正长石的卡氏双晶

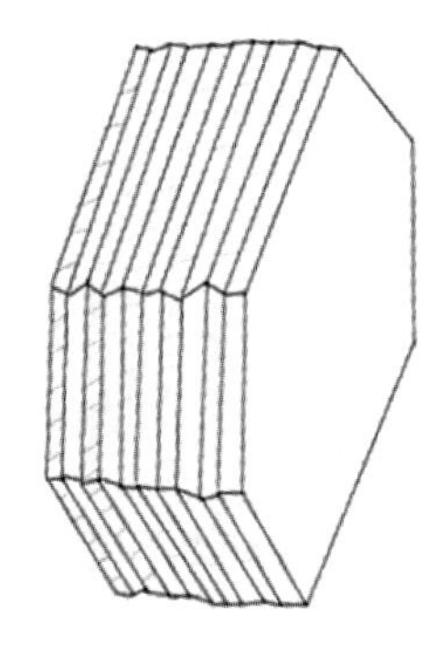

（c）斜长石的聚片双晶

图 1-2 几种规则集合体（姬潮绘制）

不规则集合体：许多同种矿物晶体不规则地集合在一起，如粒状、片状、板状、柱状集合体，鳞片状、纤维状、放射状集合体等等。生长在空洞中的许多柱状单体，它们的一端固定于共同的基座之上，另一端自由发育并形成良好的晶形称为晶簇，它也属于矿物集合体的形态。简而言之，一般见到的矿物形态多是以矿物集合体的形式按照某种结晶习性赋存在地壳之中的。

（二）隐晶质或胶态集合体

自然界中的矿物，由于受到生长空间的限制，所形成的矿物晶体颗粒往往较小，当矿物颗粒直径小于 0.2 mm 时，肉眼就不能区别矿物晶体颗粒的界线。所以，肉眼不能分辨出矿物单个晶体颗粒的集合体称为隐晶质集合体，而胶态状集合体因不存在什么单体，故一般只能笼统地称为集合体。常见的有下列几种类型：

结核体：为同心层状的圆形、椭圆形或不规则的球形体。由矿物质点围绕某一中心，自内向外生长而成。大小形状如鱼卵的小结核（直径小于 2 mm）聚集在一起的称为鲕状集合体，如像豌豆大小的称为豆状集合体。另外，还有葡萄状集合体（彩图 3）、肾状集合体等等。

分泌体：在不规则的空洞中，隐晶质的物质自洞壁逐渐向中心充填（沉淀）而成的一种矿物集合体，当各纹层在成分上和颜色上出现差异时，则构成条带状色环，如玛瑙（彩图 4）。

块状集合体：看不到单体矿物的界线，呈均匀聚合在一起，如黄铜矿、铝土矿集合体等。此外，注意矿物块状集合体和块状的区别，块状是指晶形不明显的显晶质矿物晶体或晶体的一部分。

此外，还有土状、粉末状、被膜状集合体，等等。这些多数是用日常所熟知的形态进行类比而命名的。

第二节　矿物的物理性质

矿物的物理性质取决于本身的化学成分与内部结构。矿物的物理性质不仅是肉眼鉴定矿物的主要依据，对某些矿物来说还是工业和宝石应用的对象。矿物的物理性质包括光学性质、力学性质以及其他物理性质等。

一、矿物的光学性质

矿物的光学性质是指矿物对自然光的反射、折射及吸收所表现的各种性质，如颜色、条痕、光泽、透明度等。

（一）颜色

颜色是矿物对不同波长可见光波吸收和反射的反映，如果对各种波长的光波普遍而均匀地吸收，则随吸收程度不同而呈现黑、灰、白等色。例如，对各种波长的光波有选择性地吸收，则呈现各种较鲜艳的颜色。对于透明矿物来说，透过光波的颜色就是该矿物的颜色。对于不透明矿物来说，它的颜色主要取决于其表面反射光波的颜色。

颜色是矿物的重要光学性质之一。不少矿物有它的特殊颜色，因此可以作为矿物的一种鉴定特征。例如，孔雀石的特殊绿色、蓝铜矿的特殊蓝色等都是鉴别这些矿物的重要特征。如果反映矿物本身所固有的颜色称为自色。同种矿物的自色大体上是固定的，因而具有鉴定意义。如果矿物颜色是由外来带色物质的机械混入而染成的称为他色。他色与矿物本身的主要成分结构无关，而且不是固定的，它只能说明其中含有某些杂质，无鉴定意义。例如，无色透明的石英染成紫色（紫水晶）、玫瑰色（蔷薇水晶）、金黄色（黄水晶）等。有些矿物的颜色既不是由其本身性质决定的自色，也不是由外来机械混入物所引起的他色，而是由矿物表面的氧化膜或解理面所引起的光线干涉作用形成的颜色称为矿物的假色。例如，斑铜矿表面的氧化膜呈现的蓝紫色斑状的锖色，方解石、重晶石、云母等矿物解理面上所能见到的彩虹般的晕色。假色只对极少数矿物具有鉴定意义。

（二）条痕

条痕是矿物粉末的颜色。一般是指矿物在白色无釉瓷板上划擦时留下的粉末的颜色。矿物的条痕可以与其本身的颜色一致，也可以不一致。例如，方铅矿的颜色是亮铅灰色，条痕是黑色；斜长石的颜色是白色，条痕也是白色。矿物的条痕可以消除假色，减弱他色，因而要比矿物的颜色稳定得多，所以它是鉴定矿物的主要标志之一。但也有些矿物，由于类质同象混入物的不同，条痕会产生变化。

如果欲鉴定的矿物，不能直接划出条痕，则可用小刀刮下粉末放在白瓷板上或白纸上进行观察。有的带色条痕，经过摩擦后，其粉末越细，颜色越会产生变化，借此可以帮助鉴别矿物。例如，石墨与辉钼矿是很相似的矿物，它们的条痕均为黑色（或灰黑色），但前者的条痕经摩擦后仍为黑色，后者则显示绿黑色，可资区别。此外，需要注意的是，条痕颜色的鉴定多对深彩色矿物或金属矿物且硬度小于条痕板的矿物有鉴定意义，如果是浅色或无色矿物，或者是硬度大于条痕板的矿物，条痕则无鉴定意义，如方解石、萤石、石英等。

（三）光泽

矿物表面对可见光反射的能力称为矿物的光泽。按光泽的强度可分为：

金属光泽：矿物表面呈现金属新鲜面的光泽，光亮耀眼，如方铅矿、黄铁矿、辉锑矿等（彩图 2、彩图 7、彩图 12）。

半金属光泽：矿物呈现较暗的金属光泽，如磁铁矿、赤铁矿等。

金刚光泽：矿物表面呈现金刚石或宝石表面耀眼的光泽，如金刚石、闪锌矿、辰砂等（彩图 6、彩图 47）。

玻璃光泽：矿物表面呈现玻璃一样的光泽，大多数非金属矿物属于玻璃光泽，如石英、方解石、长石等（彩图 1、彩图 9）。

如果矿物的表面不平，或带有细小裂隙或者不是单体而是集合体形式出现时常产生下列几种特殊光泽：

油脂光泽：矿物表面呈现类似脂肪表面所现的光泽。例如，石英晶体贝壳状断口面上就是典型的油脂光泽。此外，由动物油脂制作而成的蜡烛所呈现的光泽，称为蜡状光泽，如蛇纹石等。就肉眼观察而言，油脂光泽和蜡状光泽不易区别，可以视为一类光泽（彩图 5、彩图 59、彩图 60）。

丝绢光泽：类似一种蚕丝所呈现的光泽。具有纤维状集合体的矿物可具有此光泽。最典型的例子是纤维状石膏。

珍珠光泽：矿物表面能呈现类似蚌壳内壁所现的那种柔和而多彩的光泽。例如，在透石膏和云母等透明矿物的解理面上经常出现这种光泽。

土状光泽：粉末、疏松多孔状集合体的矿物，因反射光全部发生散射，而呈现土状的暗淡光泽，如高岭石等。

（四）透明度

矿物容许可见光透过的程度称为透明度，一般以 1 mm 厚的矿物的透光程度为标准，将透明度分为三级；

透明矿物：隔着矿物可见另一侧物体的清晰轮廓。无色或浅色矿物多是透明矿物，如白云母、水晶、冰洲石等（彩图 1、彩图 9、彩图 11）。

半透明矿物：隔着矿物能见另一侧矿物的模糊阴影，多数彩色矿物属于半透明矿物，如闪锌矿等。

不透明矿物：隔着矿物完全不能见到另一侧物体的形象，如黄铁矿、黄铜矿等。一般暗色矿物和黑色金属矿物大多属于不透明矿物（彩图 2、彩图 7、彩图 12）。

矿物的颜色、条痕、光泽和透明度都属于矿物的光学性质，它们之间有着内在联系（见表 1-2），肉眼观察时应注意各种光学性质之间的相互关系，综合判定。

表 1-2 矿物光学性质对照表

<table>
<tr><td>颜色</td><td>无色或白色</td><td colspan="3">浅色、深色</td><td>金属色</td></tr>
<tr><td>条痕</td><td>无色或白色</td><td>无色或浅色</td><td colspan="2">深色或浅色</td><td>深色或金属色</td></tr>
<tr><td>光泽</td><td colspan="2">玻璃—金刚</td><td colspan="2">半金属</td><td>金属</td></tr>
<tr><td>透明度</td><td>透明</td><td colspan="2">半透明</td><td colspan="2">不透明</td></tr>
</table>

二、矿物的力学性质

矿物在外力作用下（如刻划、打击、压入等）所表现的机械特性即矿物的力学性质，主要包括解理、断口、硬度、韧性、脆性等。

（一）解理

矿物在外力（打击）作用下，沿一定结晶方向裂成平面的性质称为解理，所裂成的平面称为解理面。矿物的解理是沿一定方向裂开的，如只沿一个面的方向裂开称为一组（或片状）解理，如云母、片状石墨等；若沿两个方向裂开称为二组（或柱面）解理，如角闪石等；若沿三个方向裂开称为三组解理，如方铅矿、方解石等。此外，还有四组（或八面体）解理，如萤石（彩图 8）；六组（或菱形十二面体）解理，如闪锌矿等。

根据解理的完整程度，可将其分为五个等级，各解理等级特征见表 1-3。

表 1-3 解理等级特征表

<table>
<tr><td>解理等级</td><td colspan="2">解理面出现的难易程度</td><td>解理面的平滑程度</td><td>断口的发育程度</td><td>典型的矿物</td></tr>
<tr><td>极完全</td><td rowspan="2">易</td><td>易剥成薄片</td><td>最平滑</td><td rowspan="5">最差
↓
最发育</td><td>云母、辉钼矿</td></tr>
<tr><td>完全</td><td>不能剥成薄片、可裂成块状</td><td>平滑</td><td>方铅矿、方解石</td></tr>
<tr><td>中等</td><td colspan="2">不易</td><td>中等</td><td>角闪石、辉石</td></tr>
<tr><td>不完全</td><td colspan="2">难</td><td>差</td><td>磷灰石、锡石</td></tr>
<tr><td>极不完全</td><td colspan="2">最难或不出现</td><td>最差</td><td>石英、黄铁矿</td></tr>
</table>

（二）断口

矿物受外力作用后，沿任意方向裂开并呈各种凹凸不平的表面称为断口。由表 1-3 可以看出，矿物的解理与断口出现的难易程度是互为消长关系的。也就是说，在容易出现解理的方向则不易出现断口。矿物的断口有以下几种类型：

贝壳状断口：断口呈同心圆纹状的曲面，状似贝壳壳面，如石英（彩图 5）。

参差状断口：断面参差起伏，粗糙不平，块状、粒状集合体矿物常具有此断口，如磷灰石等。

锯齿状断口：断面呈锯齿状，见于自然铜等具有展性矿物。

平坦状断口：断面相对比较平坦，如致密块状高岭石。

需要说明的是，就大部分矿物而言，沿某种固定方向的解理面，与沿任意方向的不规则的断口可同时见到。

（三）硬度

矿物抵抗外来某种机械作用力（如刻划、研磨）的能力称为矿物的硬度。通常用摩氏硬度计作为标准。摩氏硬度计由十种硬度不同的标准矿物组成，按其软硬程度排列成十级。由软到硬依次是：①滑石；②石膏；③方解石；④萤石；⑤磷灰石；⑥正长石；⑦石英；⑧黄玉；⑨刚玉；⑩金刚石。

摩氏硬度计只能说明各种矿物硬度的相对高低，不能说明硬度的绝对大小。例如，滑石的硬度为 1，石英的硬度为 7，并不代表石英的硬度是滑石的 7 倍。用测硬计测出的刻划硬度值，滑石为 2.3，石英为 300，后者约为前者的 130 倍。风化的矿物或呈纤维状、粉末状集合体均可使矿物硬度降低。因此，测定矿物硬度应选择在单体矿物的新鲜面上进行。

（四）韧性

矿物在外力（敲击、弯曲、拉张）作用下所产生的抵抗能力称为韧性。具体包括：

弹性：矿物受外力作用时发生弯曲而不断裂，外力解除后能恢复原状的性质，称为弹性，如云母的薄片。

挠性：矿物受外力作用发生弯曲变形，在外力消除后不能恢复原状的性质称为挠性，如辉钼矿。

（五）脆性

矿物受外力作用容易破裂成碎块的性质称为脆性。绝大多数矿物是脆性的，如黄铁矿、方铅矿等。

三、矿物的其他性质

（一）密度

密度是单位体积的质量，单位是 g/cm^3。各种矿物的密度不同，它可以作为鉴定矿物的特征之一。矿物间的密度差异很大，一般可以将密度分为三级：

轻级：矿物密度小于 2.5 g/cm^3，如石墨、石膏等。

中级：密度在 2.5～4 g/cm^3，如石英、萤石等。

重级：密度大于 4 g/cm^3，如重晶石、方铅矿、自然金等。

（二）磁性

磁性是某些矿物的鉴定特征，如磁铁矿等。

（三）发光性

矿物在外加能量、紫外光或 X 射线等的照射下，能发出可见光的性质称为发光性。例如，萤石在紫外灯照射下可发荧光。

此外，矿物还具有电性、可燃性、放射性等。

第三节　矿物实习

在已知的 5 000 多种矿物中，绝大多数极其分散，数量极少，而常见的不过四五十种，它们大多数可以凭借肉眼加以鉴定。矿物实习的目的就是要学会用肉眼鉴定矿物的一般方法，初步掌握常见矿物的鉴定特征。

初学矿物肉眼鉴定，必须要经常观察标本，并且要对特征近似的矿物反复对比、分析，才能得出正确结论。例如，初学时常不易准确地辨别矿物的颜色，特别是对于辨别同种颜色的不同色调，必须通过不断地对比练习，观察矿物颜色的细致差别。

需要说明的是，一种矿物可以有几项典型的鉴定特征。在一个标本上未必能全部看到。因此，应根据标本上所能提供的矿物晶体形态、物理性质和特征来鉴定矿物。

实习一　矿物的形态及主要物理性质

一、目的要求

（1）学会矿物形态的观察及描述方法。

（2）学会正确观察和描述矿物的主要物理性质。

（3）掌握矿物的颜色、条痕、光泽、透明度之间的关系。

二、实习内容

（一）观察矿物形态

矿物形态是矿物外表的重要特征。形态包括单体和集合体形态（常见的是集合体形态），矿物形态是学习鉴定矿物的重点和难点。

（1）常见的显晶质集合体：晶簇——水晶、方解石；粒状集合体——橄榄石、方铅矿；块状集合体——磁铁矿、黄铜矿；柱状集合体——辉锑矿；板状集合体——黑钨矿、重晶石；片状集合体——云母；放射状集合体——菊花石（红柱石）；纤维状集合体——纤维石膏。

（2）常见的隐晶质或胶状集合体：鲕状集合体——鲕状赤铁矿；肾状集合体——肾状赤铁矿；葡萄状集合体——孔雀石（彩图 3）；土状集合体——高岭土。

注意事项：观察矿物集合体形态时应首先区分集合体是显晶质集合体还是隐晶质或胶态集合体。若是显晶质集合体，可根据集合体的结晶习性和聚合方式来确定形态；若是隐晶质或胶态集合体，则根据其形成方式来认识形态。

（二）观察矿物的主要物理性质

矿物的物理性质与矿物的形态一样，也是矿物的外表特征，是鉴定矿物的重要依据。

1．矿物的光学性质

（1）颜色：常见的较典型的比色矿物如下：紫色——紫水晶；蓝色——蓝铜矿；绿色——孔雀石；橙色——雄黄；红色——辰砂（粉末）；铅灰色——方铅矿；钢灰色——镜铁矿；铁黑色——磁铁矿；黄色——雌黄；铜黄色——黄铜矿；金黄色——自然金（彩图 13）。

注意事项：应以观察矿物新鲜面的颜色为准。如果表面已风化，可用小刀轻轻刮去矿物的风化面后进行观察和描述。要想准确地识别矿物颜色，还可以通过矿物之间相互不断的对比、观察，找出它们的区别。

（2）条痕：矿物条痕的典型实例有以下几种：赤铁矿——樱桃红色；磁铁矿——黑色；方铅矿——灰黑色；褐铁矿——褐黄色；黄铁矿——黑绿色；铬铁矿——棕色；方解石——白色；云母——无色。

注意事项：条痕是在白色的无釉瓷板上进行观察。在矿物手标本上找出要鉴定矿物的棱角在瓷板上刻划，观察其留下的痕迹。如果要测定的矿物不能直接划出条痕，则可用小刀刮下粉末在瓷板上或白纸上用手指摩擦粉末后，进行观察。如果是硬度大于 6 的透明矿物，硬度已大于条痕板，故可以不观察其条痕。

（3）光泽：光泽级别，特殊光泽及实例如下：金属光泽——方铅矿（彩图 2）；半金属光泽——磁铁矿；玻璃光泽——方解石；油脂光泽——石英（断口）（彩图 5）；丝绢光泽——纤维石膏；珍珠光泽——白云母。

注意事项：观察矿物光泽的等级时要在自然光的强度和矿物表面平滑程度相近似的条件下进行，否则会造成因反射强弱而引起光泽等级的强度反差。特殊光泽，不能代表某一光泽等级，也不是每一种矿物所具有的物性。而有些矿物（如石英），其光泽等级为玻璃光泽。石英的玻璃光泽极为一般，而油脂光泽则少见。因此，石英的特殊光泽，是识别石英的一种鉴定特征。

（4）透明度：透明度分级及实例如下：透明矿物——水晶、冰洲石等；半透明矿物——辰砂、闪锌矿等；不透明矿物——方铅矿、黄铁矿等。

注意事项：观察矿物的透明度，要求矿物的厚度较薄，一般是以 1 mm 厚的矿物的透光程度为准，这是矿物的手标本所难以达到的。但是，矿物的条痕与透明度有密切的关系，因此，可通过矿物的条痕来帮助判断透明度。不透明矿物的条痕，其粉末也很少能透过光线，多呈黑色、黑绿色等；半透明矿物的条痕呈彩色；透明矿物的条痕呈白色或无色。另外，非金属矿物一般都是透明矿物，而金属矿物大多数是不透明矿物，少数是半透明矿物。

2．矿物的力学性质

（1）硬度：测定矿物的硬度，主要采用摩氏硬度计的矿物、小刀（硬度 5.5）和指甲（硬度 2.5）。用小刀、指甲测定矿物的硬度，可分为三级。矿物硬度＞小刀（＞5.5）的为高硬度，在小刀与指甲之间（2.5～5.5）的为中硬度；硬度小于指甲（＜2.5）的为低硬度。

注意事项：从理论上讲，准确测定矿物的硬度，应在显晶质矿物单体的新鲜面上进行，而在实际观察中，矿物多以集合体形式出现。当测试集合体硬度时，数值要比单体的硬度稍低。例如，石英晶体的硬度是 7，玉髓的硬度就要低于 7，在 6.5 左右。如果矿物风化程度很深，新鲜面难找，就不能确定其硬度。否则，所测硬度不准确。有些矿物性质脆，易被刻划成碎粒和粉末，此时，不应简单地认为矿物硬度小于刻划物的硬度，而应将二物互相刻划，以确定所测矿物的硬度。另外，还应注意有少数矿物晶面硬度依刻划方向的不同而有变化。

（2）解理：解理的等级及实例如下：极完全解理如白云母、黑云母等；完全解理如方铅矿、方解石等；中等解理如角闪石、辉石等；无解理如石英、黄铁矿等。

注意事项：矿物的解理是在矿物晶体明显的情况下才能鉴定。非晶质体或胶体矿物是不能出现解理的。有解理时，则需进一步观察其等级和组数。观察矿物的解理时，首先要识别是解理面还是晶面。解理面是晶体受力打击后所出现的一系列平面，故一般较新鲜、平整、光亮。继续受力打击后，仍可出现光亮的平面。而晶面是晶体生长的最外表的平面，一般光泽较暗淡、面不甚平整，常有凹凸不平的痕迹，而受力打击后立即破坏。

（3）断口：断口的形状及实例如下：贝壳状断口——石英（彩图 5）、橄榄石等；参差状断口——褐铁矿、磷灰石等；平坦状断口——铝土矿、块状高岭石等；土状断口——土状高岭石。

注意事项：矿物断口与解理的难易程度是互为消长的。因此，要在具有不完全解理和无解理的矿物中观察断口。容易出现解理的矿物，一般很难见到断口，而断口发育的矿物又很难出现解理，非晶质矿物均发育断口。

（三）矿物的描述内容及顺序（观察顺序和描述顺序不同）

（1）矿物名称及主要的化学成分。

（2）矿物的单体和集合体形态，如果单体形态不发育，或是非晶质矿物，就应描述其集合体形态。

（3）矿物的光学性质，可按颜色、条痕、光泽、透明度顺序描述。

（4）矿物的力学性质，可按解理、断口、硬度、弹性等顺序描述。

（5）矿物的其他性质，如化学性质、密度、发光性、磁性等。

三、作业

观察并描述下列矿物的形态特征和物理性质并填写实验报告：方铅矿、石英、磁铁矿、闪锌矿、白云母、方解石、赤铁矿、重晶石。

实习二　自然元素、硫化物及卤化物类矿物

一、目的要求

（1）根据矿物的形态特征及主要物理性质来鉴定常见的自然元素、硫化物及卤化物类矿物。

（2）对相似的硫化物类矿物，应着重从颜色、条痕、硬度等物理性质方面进行比较，掌握其鉴定特征。

二、实习内容

（一）自然元素类矿物

自然元素类矿物是指自然界呈单质形式产出的矿物，种类在 90 种左右，都具有重要的工业价值。

1．石墨（C）

纯碳组成的石墨很少见，常含有一定量的杂质。晶形完好者少见，常呈鳞片状、土状

或块状集合体。颜色由铁黑到钢灰色，条痕为亮黑色，金属—半金属光泽，土状隐晶质则光泽暗淡，不透明，片状（一组）解理极完全，硬度 1～2，密度 2.00～2.2 g/cm^3，薄片具挠性，有滑感，易污手。

鉴定特征：铁黑色、条痕亮黑色。一组极完全解理。硬度小，染手。与辉钼矿相似，但辉钼矿具有更强的金属光泽，密度稍大。在白瓷板上辉钼矿的条痕色黑中带绿，而石墨的条痕色不带绿色。

成因和产状：石墨形成于高温条件下，见于各种成分的岩浆岩中。接触变质成因的石墨，见于侵入体与盐酸盐岩石的接触带上。分布最广的是沉积变质成因的，系富含有机质或碳质的沉积岩受区域变质作用而成。石墨多用于冶金工业，制造高温坩埚以及电极、润滑剂、减速剂、涂料、染料等。

附：金刚石（C）：是石墨的同质异象变体。晶体常呈八面体或菱形十二面体。无色透明、金刚光泽。硬度为 10，是目前自然界已知最硬的矿物，八面体解理中等。密度为 3.5 g/cm^3 左右，以极高的硬度和强金刚光泽为鉴定特征。金刚石结晶发生于高温高压条件下，是岩浆中最早的结晶产物之一，见于超基性岩的金伯利岩中。

（二）硫化物类矿物

硫化物类矿物由金属阳离子与硫化合而成，成分简单。绝大部分硫化物主要是岩浆期后作用的产物，常聚集于热液成因的矿床中，富集形成具有工业意义的矿床。

大部分硫化物具有金属光泽，其条痕色一般都较深，不透明，硬度一般从较低到中等（黄铁矿除外）。密度一般较大。

2. 方铅矿（PbS）

方铅矿晶体多呈立方体，有时为八面体与立方体的聚形。集合体呈粒状或块状。颜色亮铅灰色，痕条灰黑色，金属光泽，立方体（三组）解理完全，硬度为 2～3，密度为 7.4～7.6 g/cm^3。

鉴定特征：铅灰色，金属光泽，立方体解理完全，硬度小，密度大（彩图 2）。

方铅矿为铅矿石矿物，是铅的主要来源。

3. 闪锌矿（ZnS）

闪锌矿晶体常为四面体，晶面上常有三角形条纹。常呈粒状、致密块状集合体。通常为褐色、随成分中含铁量的增加而变化，可以为浅黄色，黄褐色到黑色。条痕黄色到褐色，透明至半透明，金刚光泽到半金属光泽，具菱形十二面体（六组）解理完全（肉眼很难观察到完整的六组解理），硬度为 3.5～4，密度为 3.9～4.2 g/cm^3。

鉴定特征：颜色不固定，多组解理，光泽以及与方铅矿密切共生。

闪锌矿为锌的主要来源。

4．辰砂（HgS）

辰砂晶体呈细小的厚板状、菱面体和柱状（彩图 6）。集合体呈分散粒状、致密块状、粉末状及皮壳状。颜色鲜红色，故称“朱砂”“丹砂”。条痕红色，金刚光泽，半透明，平行六方柱（三组）解理完全，硬度为 2～2.5，密度为 8.1～8.2 g/cm^3。

鉴定特征：鲜红的颜色和条痕，密度大，硬度低。

辰砂是炼汞的主要矿物原料，印章石中的鸡血石就含有辰砂。

5．辉锑矿（Sb_2S_3）

辉锑矿晶体呈长柱状或针状，晶体柱面上具有深的纵条纹。集合体常呈长柱状、放射状、致密块状或晶簇（彩图 7）。颜色和条痕均为铅灰色，矿物表面风化常有暗蓝色的锖色，金属光泽，不透明，一组解理完全，解理面上常有横向聚片双晶纹，硬度为 2～2.5，密度为 4.51～4.66 g/cm^3，熔点很低（55℃），蜡烛可以熔化。

鉴定特征：柱状晶形、柱面有纵纹。解理面上有横纹，将 KOH 滴在辉锑矿上可以呈现橘黄色，随后变为褐红色。

辉锑矿是炼锑的主要矿物原料。辉锑矿常与黄铁矿、雌黄、雄黄、辰砂、方解石、石英等共生于低温热液矿床之中。中国是世界上最主要的产锑国，湖南冷水江的大型辉锑矿床世界闻名。

6．辉钼矿（MoS_2）

辉钼矿晶体呈六方片状、板状。集合体常呈鳞片状、片状及细粒分散状。颜色为铅灰色，条痕为微绿的灰黑色，金属光泽，不透明，片状（一组）解理极完全，薄片具挠性，有滑感并污手，硬度为 1～1.5，密度为 4.7～5 g/cm^3。

鉴定特征：铅灰色，片状（一组）极完全解理，薄片具挠性，硬度低。

辉钼矿是提炼钼和铼的主要矿物原料，目前我国钼储量居世界首位。

7．黄铁矿（FeS_2）

黄铁矿晶体发育良好，常呈立方体（具晶面条纹）、八面体、五角十二面体，有时呈立方体与五角十二面体的聚形（彩图 12、彩图 17）。集合体常为粒状、致密块状及球状结核体。颜色为浅铜黄色，表面常有斑点状黄褐色的锖色，条痕为绿黑色，金属光泽，不透明，无解理，具参差状断口，硬度为 6～6.5，密度为 4.9～5.2 g/cm^3。

鉴定特征：晶形完好，晶面有条纹，致密块状者与黄铜矿相似，但据其浅铜黄色、硬度大，可与之区别。

黄铁矿又称为硫铁矿，是制取硫酸的主要矿物原料。

8．黄铜矿（$CuFeS_2$）

黄铜矿晶体少见，常呈致密块状或分散粒状集合体。颜色铜黄色，表面因氧化而呈金黄或红紫等锖色，条痕绿黑色，金属光泽，不透明，无解理，硬度为 3～4，密度为 4.1～

4.3 g/cm^3。

鉴定特征：颜色铜黄，条痕绿黑，硬度中等。

黄铜矿是炼铜的主要矿物原料之一。

（三）卤化物类矿物

本类矿物包括大多数的卤酸盐矿物，一般具有颜色浅、硬度低、密度小、溶于水（氟石除外）等特点。

9．氟石（CaF_2）

氟石又名萤石。晶体常呈立方体、八面体以及它们的聚形（彩图 14），并可由两个立方体组成穿插双晶。集合体多为粒状或致密块状，颜色一般呈浅绿、浅紫、浅蓝、浅红及灰黑色等，纯净无色透明者少见，条痕为白色，玻璃光泽，透明至半透明，平行八面体（四组）解理完全，硬度为 4，密度为 3.01～3.25 g/cm^3，性脆，由于在紫外线照射下显荧光，故称萤石。

鉴定特征：根据晶形，八面体解理完全（彩图 8），硬度 4，紫外线照射下呈萤光，色浅、具各种颜色等易于识别。

萤石是制取氢氟酸的唯一矿物原料。此外，用于冶金工业（作熔剂）和水泥工业。

三、注意事项

注意相似矿物：鳞片状石墨与辉钼矿；方铅矿与辉锑矿；黄铁矿与黄铜矿的区别。

四、作业

观察、鉴定上述矿物，并填写实验报告。

实习三　氧化物、氢氧化物类矿物

一、目的要求

（1）根据矿物的形态特征及主要物理性质鉴定常见的氧化物及氢氧化物类矿物。

（2）对某些具有特殊性质的矿物，应利用其特殊性质，作辅助性鉴定如磁铁矿的强磁性。

（3）氢氧化物类矿物，应仔细观察其外表形态、颜色和断口等特征。

二、实习内容

（一）氧化物类矿物

本类矿物晶形完整，颜色大部分较深，具玻璃光泽和半金属光泽，硬度高，某些矿物具有磁性，这类矿物可以形成于各种地质作用之中。

10．刚玉（Al_2O_3）

刚玉晶体多呈桶状、柱状（彩图 15）。集合体多为粒状或致密块状，颜色为蓝色或黄灰色，但通常颜色多种多样，玻璃光泽至金刚光泽，透明或半透明，无解理，硬度为 9，密度为 3.95～4.10 g/cm^3。

鉴定特征：以晶形多呈桶状、短柱状，硬度高为鉴定特征。

刚玉若含有特殊的致色离子可以作为中高档宝石，红色（含 Cr^{3+}）为红宝石（彩图 46），其他则统称为某色蓝宝石（彩图 48）。例如，无色透明称为无色蓝宝石，蓝色（含 Fe^{2+}和 Ti^{4+}）为蓝宝石，绿色者（含 Co、Ni 和 V）称为绿色蓝宝石。

刚玉可作为激光及研磨材料，仪器轴承。彩色透明者可作为宝石。

11．赤铁矿（Fe_2O_3）

赤铁矿晶形完好的晶体较少见，有板状及片状。集合体具有多种形态，具有强金属光泽的片状集合体称为镜铁矿。隐晶质鲕状、豆状、肾状的集合体分别称为鲕状赤铁矿、豆状赤铁矿、肾状赤铁矿。显晶质赤铁矿呈钢灰—铁黑色，隐晶质呈红色，条痕均为樱红色，显晶质具金属光泽，隐晶质具半金属光泽，不透明，硬度为 5～6，无解理，密度为 5～5.3 g/cm^3。

鉴定特征：各种形态特征、条痕均为樱红色，密度、硬度较大，无解理。

赤铁矿是炼铁的重要矿物原料。

12．锡石（SnO_2）

锡石晶形完好者常呈四方双锥，柱状或两者聚形（彩图 16）。经常出现膝状双晶，集合体呈不规则粒状或致密块状，颜色为褐色，棕色及棕黑色，无色透明少见，新鲜面者为金刚光泽、断口为油脂光泽，半透明至不透明，无解理，硬度 6～7，密度 6.8～7.0 g/cm^3。

鉴定特征：常见的晶形为双晶，颜色可见褐色、棕色及棕黑色，高硬度，高密度，断口为油脂光泽。

锡石是提取锡的主要矿物原料。

13．软锰矿（MnO_2）

软锰矿晶形完好者为针状、棒状。集合体常呈细粒、隐晶的块状、粉末状及土状等。颜色为钢灰至黑色，表面常带浅蓝的金属锖色。条痕蓝黑至黑色，半金属至金属光泽，不透明，平行柱面解理完全，硬度变化大，显晶质者为 5～6，隐晶或块状集合体可降至 1～

2，能污手，密度 4.7～5.0 g/cm^3。

鉴定特征：以其晶形、解理、条痕、硬度相区别。性软易污手。加 H_2O_2 剧烈起泡。

软锰矿是提炼锰的主要矿物原料。

14．石英（SiO_2）

石英分为高温石英和低温石英两大类。高温石英（β-石英）在低于 573℃时则转为低温（α-石英）石英。故一般情况下，石英泛指低温石英。晶形完好的晶体很常见，通常呈柱状，由六方柱和菱面体等单形组成的聚形，在柱面上常具横纹，集合体有晶簇状（彩图 9）、不规则粒状、致密块状等，常透明无色，集合体多呈乳白色，因含有不同成分的杂质而呈多种色调。玻璃光泽，断口为油脂光泽，透明至半透明，无解理，贝壳状断口，硬度为 7，密度为 2.65 g/cm^3。

鉴定特征：六方柱状晶形和柱面条纹，玻璃光泽，较大的硬度，贝壳状断口、呈油脂光泽（彩图 5）。

根据结晶程度石英可细分为三类：

显晶质类：水晶无色透明。因含杂质不同，可有不同颜色和不同名称。紫色称为紫水晶，浅玫瑰色称为蔷薇石英，烟色者称为烟水晶，黑色者称为墨晶，褐色者称为茶晶，乳白色半透明者称为乳石英，具丝绢光泽。

隐晶质类：称为石髓（或玉髓），具有不同颜色同心圆状或平行带状的石髓称为玛瑙（彩图 4）。呈黑灰色，作结核状产出者称为燧石。

非晶质类：属含水的 SiO_2 胶体矿物，如蛋白石。

石英用途很广，可作为无线电振荡器元件及光学仪器。一般石英可作为玻璃、陶瓷工业原料。

15．磁铁矿（Fe_3O_4）

磁铁矿完好晶形常呈八面体或菱形十二面体。呈菱形十二面体时，菱形晶面上常见平行该长对角线方向的条纹，集合体为致密块状或粒状，颜色为铁黑色。半金属光泽，不透明，无解理，硬度 5.5～6，密度 4.8～5.3 g/cm^3，具强磁性。

鉴定特征：粒状或粒状集合体，铁黑色，条痕黑色，具强磁性。

磁铁矿是炼铁的主要矿物原料之一。

16．铬铁矿（$(Fe,Mg)Cr_2O_4$）

铬铁矿晶体极少见。常呈粒状和致密块状集合体。颜色为黑色、暗棕色，半金属光泽，不透明，无解理，硬度为 5.5～6.50，密度为 4.2～5.09 g/cm^3，具弱磁性。

鉴定特征：黑色、据此可以和相似的矿物磁铁矿（黑色条痕、强磁性）相区分。

铬铁矿是提炼铬的最主要矿物原料。

（二）氢氧化物类矿物

本类矿物由于颗粒细，集合体形态多呈钟乳状、肾状及土状。硬度一般较低（<5.5），无解理，多具断口。

17．褐铁矿（$Fe_2O_3 \cdot nH_2O$）

褐铁矿是以针铁矿[FeO(OH)]、水针铁矿[$FeO(OH) \cdot nH_2O$]等铁氢氧化物，包括二氧化硅、氧化锰和泥质等多矿物的混合体的总称。褐铁矿的集合体形态常为块状、土状、疏松状、多孔状、钟乳状、葡萄状。其颜色为褐黄色、黄褐色、暗褐色。半金属光泽或土状光泽，不透明，无解理，其硬度随 SiO_2 含量多少而异，一般介于 1～5.5，密度为 2.7～4.3 g/cm^3。

鉴定特征：铁锈的颜色和条痕为其特征。

褐铁矿可作为炼铁原料。铁帽是找寻金属硫化物矿床的标志。

18．硬锰矿（$mMnO \cdot MnO_2 \cdot nH_2O$）

硬锰矿是由多种氢氧化锰矿物组成的混合体，多为隐晶质。集合体形态呈钟乳状、葡萄肾状（彩图 19）、致密块状，呈土状者称为锰土。颜色和条痕均为黑色，半金属光泽，不透明，无解理，硬度为 4～6，密度为 4.4～4.7 g/cm^3。

鉴定特征：隐晶质或胶体状的外貌，黑色的颜色和条痕，硬度较大。

硬锰矿也是提炼锰的重要矿物原料。

19．铝土矿（$Al_2O_3 \cdot nH_2O$）

铝土矿不是单独的矿物种。主要由三水铝石、一水硬铝石、一水软铝石组成，并含有赤铁矿、高岭石、蛋白石等多种矿物杂质。通常为鲕状、豆状、块状、土状等集合体。其颜色变化很大，常为灰色、灰白色、灰黄、灰褐、紫红等色。条痕白色至浅黄褐色，土状光泽，无解理，具有断口，硬度随成分和集合体形态而异，一般为 3～4。密度为 2.5～3.5 g/cm^3，具土腥溴味、涩感，粉末略具滑感。

鉴定特征：形态极近似黏土岩，但密度较大，硬度较高。

铝土矿是提炼铝的重要矿物原料，也是镓的主要来源。

三、注意事项

注意赤铁矿、磁铁矿、铬铁矿、褐铁矿的区别。

四、作业

观察和鉴定上述矿物并写出实验报告。

实习四 碳酸盐、硫酸盐、钨酸盐和磷酸盐类矿物

实习四和实习五实习的内容都属含氧盐大类，即金属元素与各种含氧酸根的化合物，含氧盐大类矿物是矿物中数量最多的一类。分布十分广泛，它们许多是重要的造岩矿物或有用矿物。成因多是内生和外生成因，本实习中有些矿物如方解石、白云石在自然界广泛分布。

一、目的要求

（1）根据形态特征和主要物理性质鉴定常见的碳酸盐等类矿物。

（2）对碳酸盐类矿物，要用简易的化学方法进行鉴定区别。

二、实习内容

（一）碳酸盐类矿物

20．方解石（$Ca[CO_3]$）

方解石晶体形态多样，常呈各种形状的菱面体、六方柱和复三方偏三角面体以及组成的聚形。双晶常见，集合体呈晶簇、柱状、钟乳状、鲕状、致密块状（彩图 17）等，其颜色为无色或白色，常因含杂质而染成灰、黄褐、褐红等色调，条痕白色，透明至半透明，无色透明者称为冰洲石，具明显的双折射现象。平行菱面体（三组）解理完全，硬度为 3，密度为 2.6～2.8 g/cm^3，遇冷稀盐酸剧烈起泡。

鉴定特征：三组菱面解理，硬度 3，遇稀盐酸剧烈反应。

方解石及由它组成的岩石作为熔剂及石料广泛应用于冶金、化工、建筑等工业，方解石也是制造水泥等的原料。

21．白云石（$(Ca,Mg)[CO_3]_2$）

白云石晶体呈菱面体，晶面常弯曲成马鞍状。集合体常呈粒状或块状。颜色纯者为白色或灰白色，随铁含量的增加，可以微带浅黄色到粉红色，条痕白色，玻璃光泽，透明至半透明，平行菱面体（三组）解理完全，解理面常弯曲，硬度为 3.5～4，密度为 2.8～2.9 g/cm^3，遇冷盐酸缓慢起泡。

鉴定特征：表面形态与方解石相似，但晶面和解理面常弯曲，硬度较大。与热盐酸反应。

白云石可用作耐火材料、冶金熔剂等。

22．菱镁矿（$Mg[CO_3]$）

菱镁矿晶体少见，经常呈粒状、致密块状和陶瓷状等集合体形态。颜色为白色或浅黄白色、灰白色，玻璃光泽，三组菱面体解理完全，硬度为3.5～4.5，密度为2.9～3.1 g/cm^3。

鉴定特征：与方解石相似，硬度稍高于方解石。区别在于粉末加冷盐酸不起泡或作用极慢，加热盐酸则剧烈起泡。

23．孔雀石（$Cu_2[CO_3](OH_2)$）

孔雀石晶体呈针状。集合体常呈放射状、肾状、钟乳状、葡萄状、土状等（彩图3，彩图18）。其颜色常呈鲜绿色（孔雀绿色），色调变化较大，从暗绿到浅绿色，条痕为浅绿色，玻璃光泽，半透明至不透明，硬度为3.5～4，密度为3.5～4.1 g/cm^3，遇冷盐酸作用起反应。

鉴定特征：鲜艳的孔雀绿色和形态特征。

孔雀石大量产出时可炼铜，质纯色美者可作装饰艺术品。

24．蓝铜矿（$Cu_3[CO_3]_2(OH)_2$）

蓝铜矿又称为石青。晶体常呈短柱状、柱状或厚板状。集合体呈致密粒状（彩图18）、晶簇状、放射状、土状、薄膜状等。颜色深蓝色，土状块体呈浅蓝色，浅蓝色条痕。晶体呈玻璃光泽，土状块体呈土状光泽，透明至半透明，硬度为3.5～4，密度为3.7～3.9 g/cm^3。

鉴定特征：蓝色，常与孔雀石等铜的氧化物共生，遇盐酸起泡，量大时可提炼铜。

（二）硫酸盐类矿物

25．重晶石（$Ba[SO_4]$）

重晶石晶体常呈厚板状、柱状。集合体呈板状，少数呈致密块状、晶簇状等。颜色为无色或白色，因含杂质而呈灰、黄、浅红等色。条痕白色，透明至半透明。玻璃光泽，三组解理近于垂直，解理面呈珍珠光泽，硬度为3～3.5，密度为4.3～4.5 g/cm^3。

鉴定特征：密度较大，硬度较小，近于垂直的三组解理。

重晶石是提取金属钡的重要矿物原料。是石油钻井泥浆的加重剂及橡胶、造纸工业用的填充剂。

26．石膏（$Ca[SO_4]\cdot 2H_2O$）

石膏晶体常呈板状、少数呈柱状。常见“燕尾”双晶，集合体呈致密块状和纤维状，石膏颜色一般为白色，常因含杂质而染成灰、褐、红及灰黑等色调，条痕白色，玻璃光泽，一组解理极完全，薄片具挠性，硬度为2，密度为2.3～2.7 g/cm^3，纤维石膏为纤维状集合体，具丝绢光泽；透石膏，无色透明，解理面具珍珠光泽。

鉴定特征：低硬度，具有一组极完全解理，以及各种形态特征。

石膏的用途很广，主要用于塑造模型，水泥配料。此外，也用于农肥。

（三）钨酸盐类矿物

27．白钨矿（$Ca[WO_4]$）（钨酸钙矿）

白钨矿晶体呈四方双锥。集合体多呈不规则的粒状。无色、白色少见，多为灰白、黄白色或浅紫、褐、绿等色，油脂光泽，透明至半透明，平行四方双锥，解理中等。硬度为4.5～5，密度为5.8～6.2 g/cm^3。

鉴定特征：可根据晶形、硬度、油脂光泽进行鉴定。在紫外线照射下发荧光。

白钨矿与石英、白云石相似，但以较小的硬度、较大的密度、无贝壳状断口与石英区别；以较大的硬度、不具菱面体解理，且与盐酸不反应又与白云石区别。

白钨矿是提炼钨的重要矿物原料。

28．黑钨矿（$(Fe,Mn)[WO_4]$）

黑钨矿又称钨锰铁矿。晶体呈厚板状、短柱状。集合体多呈板状或似放射状。颜色呈黑色、棕色或红褐色，条痕为黄褐至暗褐色，半金属光泽，不透明，一组解理完全，硬度为4.5～5.5，密度为7.1～7.5 g/cm^3。富含铁者具弱磁性。

鉴定特征：板状晶形、颜色、条痕色、一组完全解理、密度大为其特征。

黑钨矿是提炼钨的主要矿物原料。我国钨的储量及产量均居世界第一位。

（四）磷酸盐类矿物

29．磷灰石（$Ca_5[PO_4]_3(F,Cl,OH)$）

磷灰石晶体呈六方柱状或短柱状。集合体为粒状、致密块状。其颜色变化较大，纯者为无色透明或色调较淡，带有灰色、褐黄、红色、绿色等色调，条痕白色，玻璃光泽，半透明，具不平坦状断口，断口呈油脂光泽，硬度为5。密度为3.2 g/cm^3。在紫外线照射下出现磷光。磷灰石粉末在火焰燃烧时出现磷光。

鉴定特征；六方柱状的晶形、特殊的颜色和中等的硬度。

磷灰石主要制造磷肥。

三、注意事项

注意比较方解石与白云石、方解石与重晶石、白钨矿与石英、白云石的区别。

四、作业

观察、鉴定上述矿物，并填写实验报告。

实习五 硅酸盐类矿物

一、实习目的

根据形态特征和主要物理性质鉴定常见的硅酸盐类矿物。

二、实习内容

硅酸盐类矿物是含氧盐大类矿物中数量最多的一类，约占矿物总数的 1/4，构成地壳总重量的 75%。它们是岩浆岩和变质岩最主要的造岩矿物。本类矿物大多数是透明或半透明矿物，由于类质同象较普遍，所以颜色、密度一般不太固定，除少数矿物硬度较小外，大多数矿物硬度较大。

30．橄榄石（$(Mg,Fe)_2[SiO_4]$）

橄榄石是镁橄榄石（$Mg_2[SiO_4]$）—铁橄榄石（$Fe_2[SiO_4]$）类质同象系列中最常见的一个中间成员，又称为镁铁橄榄石，或普通橄榄石。其晶体呈短柱状或厚板状，通常呈粒状集合体，颜色为黄绿色、橄榄绿色，条痕白色，玻璃光泽，透明至半透明，解理不完全，常具贝壳状断口。硬度为 6.5～7，密度为 3.2～3.5 g/cm^3。

鉴定特征：橄榄绿色，玻璃光泽，硬度高。富镁的橄榄石及其蚀变产物蛇纹石，可作耐火材料，色泽美丽的可作宝玉石（彩图 20）。

31．石榴子石（$A_3B_2[SiO_4]_3$）

石榴子石化学式中 A 代表二价阳离子镁、铁、锰、钙等；B 代表三价阳离子铝、铁、铬、钛等。上述阳离子之间形成广泛的类质同象系列。

石榴子石多呈晶形完好的晶体，常见菱形十二面体。四角三八面体（彩图 10）以及这二者的聚形，集合体常为致密粒状或致密块状。石榴子石的颜色，随其成分的变化而异，最常见的颜色为红褐色至黑色，玻璃光泽，半透明（无色透明者少见），无解理，具参差状断口，断口油脂光泽，硬度为 6.5～7.5，密度为 3.5～4.2 g/cm^3。

鉴定特征：晶形、颜色、油脂光泽、较高硬度。

石榴子石可作研磨材料。透明色美的可作宝石。

32．红柱石（$Al_2[SiO_4]O$）

红柱石晶体呈柱状，横断面近似正方形。有时柱的四角和中心见有黑色碳质包裹物，在断面上排列成规则的十字形者，称为空晶石。集合体呈柱状或放射状形似菊花，故又称为菊花石（彩图 28）。其颜色为灰白或浅褐色，新鲜面常呈浅玫瑰色，无色透明者少见，半透明，玻璃光泽，平行柱面解理中等。硬度为 6.5～7.5，密度为 3.1～3.2 g/cm^3，红柱石易风化，风化后颜色多为白色—灰白色，无光泽，硬度降低为 3 左右。

鉴定特征：柱状晶形、横截面近于正方形、放射状集合体形态，有碳质黑心。

富铝红柱石可制作高级耐火材料。色美透明的红柱石可制作宝石，菊花石可制作工艺品。

33．普遍辉石（$(Ca,Mg,Fe,Al)_2[(Si,Al)_2O_6]$）

普通辉石晶体常为短柱状，其横截面常近似八边形。集合体为致密块状或粒状。颜色为黑绿色、褐黑色，条痕呈浅灰绿色至浅褐色。玻璃光泽，半透明或不透明，两组解理近直交，夹角为 87°和 93°。硬度为 5～6，密度为 3.23～3.52 g/cm^3。

鉴定特征：以绿黑色、短柱状晶形及其解理夹角为特征。

34．普通角闪石（$(Ca,Na)_{2\sim3}(Mg^{2+},Fe^{2+},Fe^{3+},Al^{3+})_5[(Al,Si)_4O_{11}]_2(OH)_2$）

普通角晶体呈长柱状或针状，柱状晶体断面为近似菱形六边形。集合体为柱状、纤维状或放射状。纤维状角闪石称为角闪石石棉。颜色为暗绿色至黑色，有时为暗褐色。条痕浅灰绿色，玻璃光泽，半透明或不透明，平行柱面解理中等至完全，解理夹角为 56°～124°。硬度为 5.5～6。密度为 3.11～3.42 g/cm^3。

鉴定特征：根据长柱状晶形、颜色黑绿及其解理夹角鉴别。

普通角闪石和普通辉石极其相似，但二者晶形及横断面不同，解理夹角也不一样（图 1-3）。

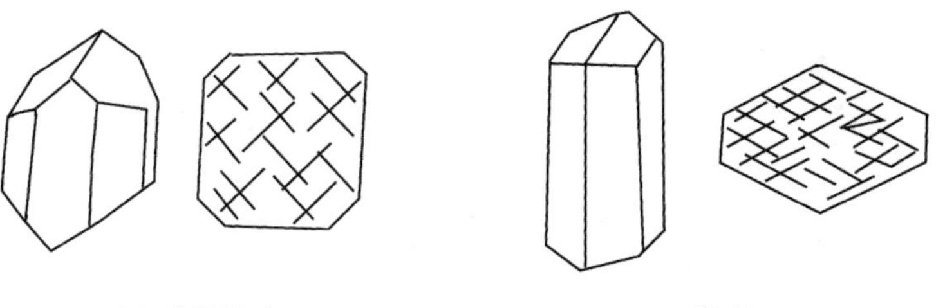

（a）普通辉石　　（b）普通角闪石

图 1-3　普通辉石（a）与普通角闪石（b）的晶形、横截面与解理夹角（张曦绘制）

35．滑石（$Mg_3[Si_4O_{10}](OH)_2$）

滑石晶体极少见。通常呈致密块状或叶片状集合体。颜色纯净者为白色，常因含杂质可呈微浅黄色、微浅绿黄色、粉红、浅褐等色，条痕白色。块状者具油脂光泽，叶片者具珍珠光泽，半透明，片状（一组）解理极完全，致密块状者呈贝壳状断口。硬度为 1，块状者硬度稍高，常见滑腻感。解理薄片具挠性，密度为 2.7～2.8 g/cm^3。

鉴定特征：浅色、性软、具滑腻感。

滑石可以作为填充剂和润滑剂，也可以作为工艺美术品的石料。

36．白云母（$KAl_2[AlSi_3O_{10}](OH,F)_2$）

白云母晶体呈假六方柱状、板状、片状。集合体为片状或鳞片状，细小鳞片状集合体产出白云母称为绢云母。呈薄片时无色透明，常因含杂质而带有不同色调。玻璃光泽，片状（一组）解理极完全，解理面呈珍珠光泽，薄片具弹性，硬度为 2.5～3，密度为 2.76～3.1 g/cm^3，具有较高的绝缘性。

鉴定特征：以其片状形态、浅色（彩图 11），一组极完全解理，薄片具弹性加以鉴别。

白云母主要用在电器工业上作绝缘材料。

37．黑云母（$K(Mg,Fe)_3[AlSi_3O_{10}](OH,F)_2$）

黑云母的形态特征与白云母相似。但其颜色为深褐色、褐黑色至黑色，富含铁者为绿色，含二氧化钛高者呈浅红褐色，玻璃光泽，透明至半透明，片状（一组）解理极完全，解理面呈珍珠光泽，薄片具弹性，硬度为 2.5～3，密度为 3.02～3.12 g/cm^3。

鉴定特征：根据片状形态，较深的颜色，解理及弹性加以鉴别。

黑云母碎片常用作建筑材料充填物。

38．绿泥石

绿泥石是化学成分和物理性质近似的类质同象矿物的总称。成分比较复杂，是镁、铁的铝硅酸盐。绿泥石晶体呈板状、假六方柱状。集合体呈片状或鳞片状、致密块状。颜色呈深浅不同的绿色。玻璃光泽，透明至半透明，片状（一组）解理极完全，解理面呈珍珠光泽或油脂光泽。薄片具挠性，硬度为 2～2.5，密度为 2.68～3.4 g/cm^3。

鉴定特征：特殊的绿色，极完全解理，薄片具挠性。

39．正长石（$K[AlSi_3O_8]$）

正长石晶体常呈完好板状和短柱状。卡氏双晶常见。集合体为粒状或块状。颜色为肉红色、粉红色、浅黄色至浅黄褐色等，无色透明者为冰长石。玻璃光泽，半透明，二组解理完全，两组解理交角为直角。硬度为 6～6.5，密度为 2.56～2.58 g/cm^3。

鉴定特征：特殊的颜色，短柱状晶形，二组垂直解理，较大硬度。

正长石用于陶瓷玻璃工业，富含钾长石的岩石也可作为提取钾肥原料。

40．斜长石（$(100-n)Na[AlSi_3O_8]—nCa[Al_2Si_2O_8]$）

斜长石是由钠长石和钙长石所组成的类质同象系列矿物的总称。晶体呈板状或扁柱状，聚片双晶极为常见。解理面上可见平行的双晶条纹，集合体呈粒状或块状，颜色以白色、灰白色为主，偶为肉红色。玻璃光泽，透明至半透明，二组解理完全，解理夹角为 87°，硬度为 6～6.5，密度为 2.61～2.76 g/cm^3。

鉴定特征：板状晶形、灰白的颜色、解理面上具双晶条纹、较大的硬度。

斜长石在地质学研究上具有重要意义。

41．蛇纹石（$Mg_6[Si_4O_{10}](OH)_8$）

叶片状或鳞片状晶形，但通常呈致密块状。由于蛇纹石结构层的弯曲卷，其形态呈波纹状或纤维状，也有的呈胶状。呈各种色调的绿色，常具有蛇皮状青色的斑纹。油脂或蜡状光泽，纤维蛇纹石具丝绢光泽。硬度为 2～3.5，密度为 2.2～3.6 g/cm^3。

鉴定特征：特殊的颜色、光泽和形态。

三、注意事项

注意正长石与斜长石，黑云母与绿泥石，普通辉石与普通角闪石的区别。

四、作业

观察和鉴定上述矿物，并填写实验报告。

第二章　岩　石

第一节　岩浆岩

岩浆岩又称为火成岩，它是三大类岩石的主体，占地壳岩石体积的64.7%，占地壳总重量的95%。它是由岩浆冷凝而成，是岩浆作用的最终产物。

一、一般特征

（一）颜色

岩浆岩颜色的深浅取决于所含矿物中深色矿物和浅色矿物的比例。从超基性岩到酸性岩，浅色矿物的含量由少变多，因此，岩石的颜色也由深变浅，比重由大变小。通常把岩浆岩中暗色矿物的百分含量称为“色率”。当色率超过 50%的多为基性岩、超基性岩，小于30%的多为酸性岩。这样根据颜色，可大致确定岩石属哪一类，相当于岩浆岩分类简表中的哪一部分。但也有例外，如黑曜岩，是酸性火山玻璃岩，从颜色上看很像基性岩。

（二）矿物成分

矿物成分是岩浆岩中重要的观察内容。它是划分岩浆岩类别的重要依据。组成岩浆岩的矿物成分常见的有 20 余种，其中以石英、钾长石、斜长石、黑云母、角闪石、辉石、橄榄石等7种矿物最为重要。习惯上将钾长石、斜长石、石英称为硅铝矿物或浅色矿物，其余的橄榄石、辉石、角闪石、黑云母称为铁镁矿物或暗色矿物。

岩浆岩中的矿物，根据其在岩石分类中所起的作用可进一步划分为：

（1）主要矿物：是指岩石中那些含量较多，并对岩石大类命名起决定性作用的矿物。例如，花岗岩中的石英和钾长石为主要矿物。

（2）次要矿物：是指岩石中含量较少的矿物，它的存在是岩石进一步定名的依据。例如，花岗岩中的黑云母若其含量达到5%以上时，则此岩石进一步定名为黑云母花岗岩。

在进行鉴定分析时，也可以先从指示性矿物观察开始，橄榄石和石英分别是超基性岩和酸性岩的特征矿物。

（三）结构和构造

岩浆岩的产状各异，其形成的结构和构造也就不同。因此岩石的结构和构造就成为了研究岩石的形成条件和岩石分类、命名的重要依据。岩石的结构主要表示矿物和矿物之间的各种特征，是研究岩石微观特征的概念。构造指岩石中的矿物颗粒在空间上的分布和排列方式，是在宏观的角度上研究岩石的概念。二者意义不同，应细加区别。

根据结构和构造特征，我们可以这样对岩浆岩的成因类型予以区别：

深成岩：一般具有中粒等粒结构，或似斑状结构、块状构造。

喷出岩：多为隐晶质或玻璃质结构和斑状结构，具有气孔、杏仁、流纹等构造。

浅成岩：一般具有中细粒等粒结构、斑状结构或伟晶结构，块状构造。

鉴定岩石标本时，一般是先观察岩石的颜色，初步确定岩石的酸度，然后再观察岩石的结构和构造，确定岩石成因类型（即产状），最后观察矿物成分；岩石中凡能肉眼识别的矿物均要进行描述。在肉眼观察和描述的基础上定出岩石名称。

二、分类

根据岩浆岩的形成环境（即产状）可将岩浆岩分成深成岩、喷出岩和介于二者之间的浅成岩。按岩浆岩中 SiO_2 的含量多少，又可以将其分为：酸性（SiO_2 含量＞65%）、中性（SiO_2 含量 52%～65%）、基性（SiO_2 含量 45%～52%）和超基性（SiO_2 含量＜45%）。以岩石产状和 SiO_2 含量作为分类依据可以把岩浆岩分为若干类型（表 2-1）。这样，只要凭借岩石的各种特征，确定岩石在“岩浆分类简表”中的位置，就能够比较容易地确定岩石的名称。

表 2-1 岩浆岩分类简表

产状	酸性岩（SiO_2 含量＞65%）	中性岩（SiO_2 含量 65%～52%）	基性岩（SiO_2 含量 52%～45%）	超基性岩（SiO_2 含量＜45%）
喷出岩	流纹岩	安山岩	玄武岩	
浅成岩	花岗斑岩	闪长玢岩	辉绿岩	
深成岩	花岗岩	闪长岩	辉长岩	橄榄岩

在岩浆岩的肉眼鉴定中，一般遵循的程序是根据岩石的颜色和矿物成分确定 SiO_2 的含量；根据结构和构造确定岩石的产状，最后将二者结合起来就能够基本确定岩石的名称。

第二节 沉积岩

由沉积物经过压固、胶结和重结晶作用而成的坚硬岩石称为沉积岩。它的基本特征是具有层理和含有生物化石。由于沉积岩是在常温常压下，大部分又是在地表水体环境中形成的。因此，它的物质组成、颜色、结构和构造便具有某些特点，这些特点便成为鉴别沉积岩的主要特征。

一、一般特征

（一）物质组成

一般包括颗粒和胶结物两部分，它们的基本特点是比较稳定。

沉积岩的颗粒包括岩屑和矿物碎屑，它们多数是由母岩经物理风化后继承下来的抗风化能力较强的矿物成分，如石英、长石、白云母等。在沉积过程中形成的新矿物则包括含铝硅酸盐矿物经化学风化产生的黏土矿物和化学生物成因的方解石、白云石、盐类、石膏等。在岩浆中大量出现的镁铁矿物，由于在风化过程中多被分解，因而在沉积岩中很少见到。

在沉积岩中，把松散沉积物黏结起来的胶结物，其成分和特点如下：

泥质胶结：胶结物成分通常为黏土矿物或一般泥土，胶结岩石硬度较小、易碎，断面呈土状。

钙质胶结：胶结物成分为碳酸钙，胶结岩石硬度较泥质胶结为硬，多呈灰白色，滴稀盐酸起泡。

硅质胶结：胶结物成分为 SiO_2，通常为石髓、蛋白石等，胶结岩石硬度较大，多为石英砂岩的胶结物。

铁质胶结：胶结物成分为氢氧化铁、氧化铁，褐铁矿所胶结的岩石硬度较大，常呈黄褐色或砖红色，风化表面多呈铁锈状。

凝灰质胶结：胶结物质为火山灰，胶结岩石硬度一般较大，断面多具粗糙感，颜色有灰绿、紫红等多种。

胶结物在岩石中的含量一般仅占 25%左右，若其含量超过 25%时，即可参加岩石的命名。

（二）颜色

沉积岩的颜色受其所含的岩屑、矿物和胶结物成分的影响，往往反映岩石形成当时的沉积环境和成岩以后的变化情况。

（三）结构

沉积岩的结构指沉积岩组成成分的性质、大小、形态及所含数量等所决定的沉积岩的特征。根据沉积岩的成因不同，可以分为碎屑结构、泥质结构、化学结构和生物结构等数种。

碎屑结构：由 50%以上的碎屑组成的岩石结构，它是碎屑物质在成岩过程中被胶结物胶结形成的，具有此种结构的岩石称为碎屑岩。

碎屑结构包括颗粒大小（粒级）、颗粒形状、胶结形式三方面内容。

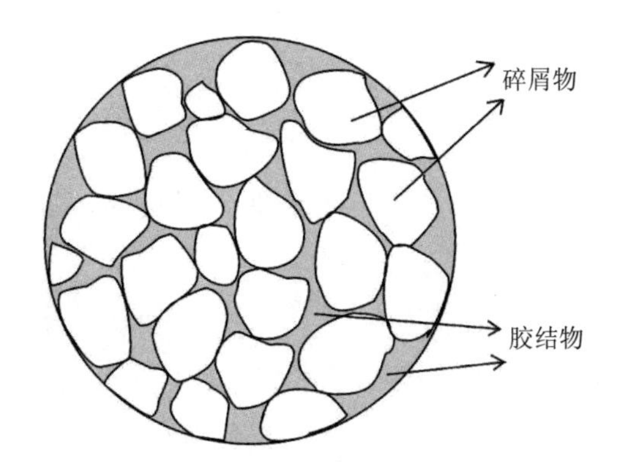

图 2-1 碎屑结构示意图（董宇航绘制）

按主要碎屑颗粒的大小，可以划分为：砾质结构（＞2 mm）、砂质结构（2～0.05 mm）、粉砂质结构（0.05～0.005 mm）。其中，砂质结构又可细分为：粗砂（2～0.5 mm）、中砂（0.5～0.25 mm）、细砂（0.25～0.05 mm）。

按颗粒形状，一般可以分为棱角状、次棱角状、次圆状、圆状和极圆状五个级别。颗粒形状常能反映岩石形成的环境和条件，如海相、河流相、风成相、冰川相以及碎屑的搬运距离等。

根据胶结形式，可以分为基底胶结、孔隙胶结和接触胶结。胶结形式与岩石的孔隙度透水性和坚实程度有关，在一定程度上反映了岩石的形成环境，但一般不影响岩石的命名。

泥质结构：由极细小的碎屑（＜0.005 mm）和黏土矿物（如高岭石、蒙脱石、水云母）形成的沉积岩结构，由于粒细小质地均一致密，手能触之有滑感，可见贝壳状断口。

化学结构和生物结构：沉积岩的组成矿物是由于化学作用和生物化学作用从水溶液或胶体溶液中沉淀出来的，多数情况下是因沉淀时的结晶作用以及非晶质、隐晶质的重结晶作用所成，故常为结晶结构。例如，石灰岩、白云岩就是由许多细小的方解石的晶体组成的。

（四）构造

沉积岩的构造是指其组成部分的空间分布和它们相互之间的排列关系，沉积岩的构造主要包括层理构造和层面构造两类。

由于季节气候的变化，以及先后沉积下来的物质颗粒的大小、形状、颜色和成分不同显示出来的成层现象称层理构造。沉积岩的成层性质，是沉积岩最典型、最基本的特征。对层理的研究，应兼顾厚度和形态两个方面。

根据层理厚度，可将沉积岩分为：块状（巨厚层状）（＞2 m）、厚层状（2～0.5 m）、中厚层状（0.5～0.1 m）、薄层状（0.1～0.01 m）、页片状（0.01～0.001 m）。

按层理的形态，则可分为水平层理、波状层理和交错层理等不同类型。

沉积岩层层面上的特征及其包裹物，同属于层面构造。它也反映了沉积岩的生成条件和形成环境。

层面构造主要包括：波浪、雨痕、干裂（泥裂）、盐的晶体假像以及结核与化石等。

二、分类

沉积岩的成因极为复杂，成分和结构也多种多样，至今还没有统一的沉积岩分类。目前用的较多的分类是根据沉积岩的物质来源（指提供沉积物的直接来源），把沉积岩分为陆源沉积岩、内源沉积岩、生物源沉积岩和火山源沉积岩四大类；每类岩石又可根据成分、结构划分出若干类岩石（表 2-2）。

表 2-2　沉积岩分类简表

<table>
<tr><th rowspan="2">陆源沉积岩（正常沉积碎屑岩）</th><th colspan="2">内源沉积岩</th><th rowspan="2">生物源沉积岩</th><th rowspan="2">火岩源沉积岩（火山碎屑岩）</th></tr>
<tr><th>蒸发岩</th><th>非蒸发岩</th></tr>
<tr><td>砾岩、角砾岩＞2 mm
砂岩 2～0.05 mm
粉砂岩 0.05～0.005 mm</td><td>岩盐
石膏
硬石膏</td><td>铝质岩
铁质岩
锰质岩</td><td>煤
油页岩</td><td>集块岩＞64 mm
火山角砾岩 2～64 mm
凝灰岩＜2 mm</td></tr>
<tr><td>泥质岩＜0.005 mm</td><td></td><td>硅质岩
磷质岩
碳酸盐岩</td><td></td><td></td></tr>
</table>

第三节　变质岩

地壳中早先形成的岩石，由于所处地质环境的改变，在新的特定物理、化学条件下，致使岩石在结构、构造甚至矿物成分上产生一系列的变化，从而形成了新的岩石，即变质岩。

一、一般特征

变质岩以其特有的变质矿物和独特的片状构造，区别于岩浆岩和沉积岩，又由于变质岩是原岩在地壳中受到高温、高压及化学成分渗入的影响，在固体状态下重新结晶的产物。所以变质岩便形成不是原岩又类似原岩的结构特点。

（一）矿物组成及其特点

变质岩的矿物组成大体可分为两部分，与岩浆岩和沉积岩共同的矿物主要为石英、长石、云母、角闪石、辉石、方解石和白云石等。在变质作用中新生成的矿物叫作变质矿物，主要有石榴子石、红柱石、阳起石、硅灰石、透辉石、透闪石、夕线石、十字石、滑石、蛇纹石、绿泥石等，这些特征矿物常是鉴别变质岩的标志。

变质矿物多是在高温和定向压力的作用下形成的，因而它们一般都比较稳定，形态多呈一向延长的针状、纤维状、放射状和二向延长的片状、鳞片状等等，粒状矿物也常被拉长并按一定方向排列。

（二）结构特点

变质岩是一种重结晶的岩石，几乎所有的变质岩都具有结晶结构。

根据变质作用程度的不同，变质岩的结晶结构又可以分为两种，即变余结构和变晶结构。

变余结构，又称为残留结构，由于重结晶作用不完全，使新生的变质岩仍然保留有原岩的结构特征，如原岩为砾状结构的沉积岩，常出现变余砾状结构，原岩是岩浆岩则可能变为变余斑状结构等。一般来说，原岩的粒度越大或化学活动性越小，则原岩的结构就越容易保留。变余结构常见于变质较轻的岩石中，对查明变质岩的原岩类型有重要意义。

变晶结构：由重结晶作用形成的结晶结构。根据组成矿物的相对大小，可把变晶结构分成等粒变晶结构、斑状变晶结构等。根据矿物的形态，又可分为等粒变晶结构、斑状变晶结构、鳞片变晶结构、纤状变晶结构等。

等粒变晶结构：岩石中所有矿物晶粒大小近似相等。颗粒紧密排布，彼此镶嵌，多为他形晶。

斑状变晶结构：在细粒的基质上分布着较大的变斑晶的粗大晶体。

鳞片变晶结构：一些鳞片状矿物沿一定方向平行排列。一般不具明显斑晶。

纤状变晶结构：一些柱状、针状矿物作定向排列。

（三）构造特点

变质岩的构造，指组成矿物的排列特点。由于变质岩是重结晶的岩石，变质作用的条件不同，可形成不同的构造特点。

当岩石在围压很大的条件下，或在变质带形成时，定向压力很弱，使重结晶的矿物不具定向排列，而具有块状构造。例如，某些大理石、石英岩、矽卡岩、角岩等皆不具有定向构造。

当变质岩在定向压力下形成时，某些矿物垂直于定向压力方向平行排列。顺着矿物平行排列的面，可把岩石劈为小片。根据片理形态不同可将其细分为：

片麻状构造：组成矿物深浅相间，或断续成带状分布。

眼球状构造：在片麻构造中，有个别粗大的矿物，呈透镜状或扁豆状，与片理平行排列，形似眼球，故名。

片状构造：由云母、绿泥石、石墨、滑石、角闪石等片状或柱状矿物连续平行排列。

千枚构造：岩石中鳞片矿物定向排列，片理面见有强烈丝绢光泽，通常在片理面上见有许多小皱纹。

板状构造：泥质岩石中形成一组互相平行的劈开面，岩石沿该劈开面可形成平整的板状。劈开面上常有少量的鳞片状云母散布。

二、分类

根据变质岩的成因，即变质作用类型，可将变质岩分为三大类（表 2-3）。

表 2-3　变质岩分类简表

<table>
<tr><th colspan="2">类别</th><th>主要矿物成分</th><th colspan="2">构 造</th><th>成因类别</th></tr>
<tr><td rowspan="3">区域变质岩</td><td rowspan="3">板岩、千枚岩
片岩、片麻岩
大理岩
石英岩
混合岩</td><td rowspan="3">隐晶质、绢云母、石英、绿泥石、石英云母等
石英、长石、云母、角闪石
方解石、白云石
石英
石英、长石等</td><td>片理</td><td>板状、千枚状
片状、片麻状</td><td rowspan="2">区域变质</td></tr>
<tr><td>块状</td><td>颗粒状
致密状</td></tr>
<tr><td>片理</td><td>条带状
片麻状</td><td>混合岩化</td></tr>
<tr><td>接触变质岩</td><td>大理岩
石英岩、角岩
砂卡岩</td><td>方解石、白云石、石英
长石、石英、角闪石、红柱石等
石榴子石、绿帘石、透辉石等</td><td>块状</td><td>颗粒状
致密状、斑状、
致密状、不等粒状</td><td>热力变质
接触交代</td></tr>
<tr><td>动力变质岩</td><td>构造角砾岩
糜棱岩</td><td>原岩碎屑
原岩碎屑</td><td>块状
细末状</td><td></td><td>动力变质</td></tr>
</table>

第四节 岩浆岩实验

一、目的要求

学习认识主要岩浆岩的岩性特征及描述方法，比较它们在矿物成分上的不同点以及结构、构造上的差异。

二、实验内容

（一）酸性岩类

酸性岩都含有石英和大量钾长石，显浅色。

1. 花岗岩

花岗岩的矿物成分中浅色矿物有石英、钾长石和斜长石，其中石英含量在20%以上，且钾长石多于斜长石。暗色矿物以黑云母为主，有时也有角闪石。石英为无色、烟灰色的不规则的粒状。在不平坦状或贝壳状的断口处呈油脂光泽。正长石多为浅黄或肉红色，呈不完整的柱状或板状，具清楚的解理面，玻璃光泽。还有少量的斜长石灰白色。暗色矿物黑云母，珍珠光泽，可用小刀揭成薄片。角闪石为长柱状晶体，小刀不易刻动。花岗岩常为肉红色或灰白色，具有典型的花岗结构——全晶质半自形粒状结构，块状构造（彩图21）。具有似斑状结构者则称为似斑状花岗岩或斑状花岗岩。

如果岩石中的斜长石增多，含量大于正长石，暗色矿物也增加，占 8%～10%，特别是角闪石的成分明显增加时，则称为花岗闪长岩。花岗闪长岩是花岗岩和闪长岩之间的过渡类型。

2. 花岗斑岩

花岗斑岩化学成分及矿物成分与花岗岩相当。常为灰白色、肉红色、斑状结构，斑晶为石英及钾长石，可含少量斜长石；基质由细粒石英、长石及少量暗色矿物组成，块状构造。

3. 流纹岩

流纹岩成分与花岗岩相当，常为浅灰、灰白、粉红等色。斑状结构，斑晶由钾长石、石英组成（彩图22）。前者为高温变种的透长石，晶体呈长方形；后者多为浑圆状，具特征的烟灰色。基质多为致密的隐晶质或玻璃质。常具流纹构造，气孔构造、杏仁构造也常见。

（二）中性岩类

中性岩类的特点是浅色矿物以斜长石为主，不含或少含石英；暗色矿物以角闪石为主，一般浅色矿物较暗色矿物多。

4．闪长岩

闪长岩为深成岩。矿物成分主要由中性斜长石和角闪石组成。有时含有黑云母和少量钾长石、石英或辉石。因浅色矿物较多，故颜色一般为灰色或灰绿色。多为中粒等粒状结构，块状构造。

5．闪长玢岩

闪长玢岩相当于闪长岩成分的浅成岩。常呈灰色、灰绿或灰黑色，斑状结构，斑晶以中性斜长石为主，其次为角闪石和黑云母。基质为细粒或隐晶质，块状构造。

6．安山岩

安山岩为中性喷出岩。常为红、褐、紫红、深灰等色。斑状结构，斑晶多为较小的斜长石、角闪石、辉石、黑云母。基质多为隐晶质或玻璃质，气孔或杏仁状构造。

7．正长斑岩

正长斑岩在化学成分上，其 SiO_2 相当于中性岩的含量，即 52%～65%。突出特点是 K_2O、Na_2O 的含量是所有岩浆岩中含量最高的一类。相应的深成岩叫作正长岩，喷出岩叫作粗面岩。

主要矿物成分有钾长石、角闪石、黑云母和少量斜长石，不含或极少含石英，常为肉红色或浅黄色。斑状结构，斑晶为正长石或角闪石，斑晶的晶形一般完整，基质为隐晶质，常呈岩脉产出。

（三）基性岩类

基性岩的硅铝矿物以基性斜长石为主，不含或少含石英。主要造岩矿物是辉石和基性斜长石，尚少见到少量的橄榄石和角闪石。岩石的颜色较深、比重较大。

8．辉长岩

辉长岩基性深成岩，主要矿物成分为辉石和基性斜长石，二者含量近于相等。次要矿物有橄榄石、角闪石、黑云母等。颜色灰黑，中粒至粗粒结构，通常为块状构造，有时可见条带状构造。

9．辉绿岩

辉绿岩为基性浅成岩。主要矿物成分与辉长岩同，暗绿色或黑色细粒至隐晶质结构或辉绿结构，块状构造。

10．玄武岩

玄武岩为基性喷出岩。矿物成分相当于辉长岩，一般为黑色、绿至灰绿以及暗紫等色，细粒致密状，常见气孔状构造、杏仁构造、枕状构造。常见斑状结构。斑晶为橄榄石、辉石、基性斜长石等，基质为细粒隐晶质或玻璃质（彩图 23）。

（四）超基性岩类

超基性岩类在矿物成分上以铁镁矿物占绝对优势，一般不含硅铝矿物，若含长石最多不超过 10%，颜色较深、密度较大。

11．橄榄岩

橄榄岩为深成岩，主要由橄榄石和辉石组成，通常为全晶质中细粒结构，块状构造。

三、注意事项

（1）观察描述岩石的矿物成分应以显晶质的主要矿物为主。

（2）对于具有斑状结构的岩石，要特别注意斑晶的成分、形状、大小及含量。

（3）对于特殊的构造如杏仁、气孔构造，要详细描述杏仁和气孔的形状、大小，有无填充物，有无定向排列等。

四、作业

观察和鉴定上述岩浆岩，并填写实验报告。

第五节 沉积岩实验

一、目的要求

观察并识别沉积岩的结构、构造和矿物组成特点。掌握主要沉积岩的鉴定特征和鉴定方法。

二、实验内容

（一）陆源碎屑岩类

主要由母岩经物理风化作用产生的碎屑物质，经搬运、沉积、固结成岩作用而形成的碎屑岩。

12．砾岩

凡是有一半以上平均直径大于 2 mm 的圆状或次圆状的碎屑（即砾石）经胶结而成的岩石称为砾岩（彩图 24）。如果碎屑是棱角状及次棱角状的，则称为角砾岩。砾岩一般都是沉积生成的，而角砾岩也可以由构造作用或化学作用生成。砾岩中的绝大部分碎屑都是岩屑，矿物碎屑较少。砾状结构、层状构造。层理一般均不发育。

13．砂岩

粒度在 2～0.05 mm、碎屑含量在 50%以上的沉积岩称为砂岩。根据所含砂质的直径大小，又分为粗砂岩、中砂岩、细砂岩、粉砂岩。砂岩的分布远较砾岩广泛。

砂岩中的碎屑成分主要是石英、长石和岩屑。在大多数砂岩中，石英都是最主要的碎屑。根据三者含量的不同，可将砂岩分为石英砂岩、长石砂岩及岩屑砂岩三类。石英砂岩中石碎屑的含量应在 90%以上；长石砂岩中长石碎屑含量在 25%以上。

14．粉砂岩

颗粒直径在 0.05～0.005 mm、碎屑含量占 50%以上的沉积岩。碎屑成分常为石英及少量长石与白云母。胶结物为 $CaCO_3$、SiO_2、Fe_2O_3 等，颜色为灰黄、灰绿、灰黑、红褐色。

15．泥质岩

泥质岩又称为黏土岩。是一种主要由黏土矿物所组成的沉积岩，多数黏土岩因机械沉积形成。其碎屑物质大多经过较长距离的搬运。黏土岩是分布很广的一类沉积岩。岩石的颜色主要由其成分决定。多具明显层理，黏土结构质地均一，有细腻感、断口尖锐。

用肉眼不能鉴别黏土岩的成分，常根据其固结程度和构造特征予以命名，具有页理构造（层理厚度＜1 mm）的称为页岩；已固结成岩并具有块状构造的称为泥岩；尚未固结的则称为黏土。

页岩是很常见的一种岩石。页岩硬度低，风化后呈碎片状。颜色一般为灰色或灰黄色，但常因含有杂质而呈现各种颜色。根据其混入成分不同可以分为碳质页岩、硅质页岩、钙质页岩等。

（二）化学及生物化学岩类

化学及生物化学岩很多，如硅质岩、铁质岩、磷质岩等，其中分布最广、最常见的是碳酸盐岩。

16．碳酸盐岩

碳酸盐岩是分布极广的一种岩类，自然界中常见的碳酸盐岩，主要是石灰岩和白云岩。

（1）石灰岩：主要由 50%以上的方解石组成。岩石为灰色、灰黑或灰白色。遇稀盐酸剧烈起泡，可具有燧石结核及缝合线。根据结构和成因又可以分为以下几种：

内碎屑岩：以内碎屑为主要颗粒，按内碎屑的大小分为砾屑灰岩、砂屑灰岩及粉屑灰岩。其中砾屑灰岩中砾屑呈扁圆或长椭圆形不规则状，切面呈长条形似竹叶，故又称为竹叶状灰岩（彩图 25）。

生物碎屑灰岩：以各种生物遗体为主要粒屑组成的灰岩。

鲕状灰岩：是以鲕粒为主要颗粒的粒屑灰岩。具鲕状结构，鲕粒形成于碳酸钙处于过饱和状态的潟湖波浪活动地带或湖汐地带，过饱和的碳酸钙围绕碎屑颗粒，形成具有一圈圈同心纹的包粒微晶灰岩又称为泥晶灰岩，主要由小于 0.03 mm 的灰泥（又称为泥晶）组成的灰岩。一般为浅灰色，致密均一，呈隐晶质结构，水平层理或微波状层理发育，有时也呈厚的块状。

（2）白云岩：是指由含量大于 50%的白云石组成的岩石的总称。岩石多呈浅灰色，大多具有隐晶和细晶结构。外貌与石灰岩相似，但加稀盐酸不起泡。白云岩风化面带有白云石粉及纵横交叉的刀砍状的溶沟（彩图 26），较石灰岩坚硬。

白云岩与石灰岩的化学成分相近，与其形成条件有密切联系，因而在白云岩与石灰岩之间有过渡类型的岩石存在，各种过渡性岩石的主要差别在于岩石中的 MgO 与 CaO 的含量比例。

以白云石为主并含有一定数量的方解石者称为钙质白云岩。以方解石为主并含有一定数量的白云石者称为白云质石灰岩。

17．泥灰岩

泥灰岩是碳酸盐岩与黏土岩之间的过渡类型，其中黏土含量在 25%～50%（若黏土含量在 5%～25%则称为泥质灰岩，通常呈隐晶质或微粒结构，加冷盐酸反应时有泥质沉积物残留。

三、作业

观察和鉴定上述沉积岩，并填写实验报告。

第六节 变质岩实验

一、目的要求

观察和识别变质岩的矿物组成、结构和构造特征。掌握变质岩主要类型的鉴定特征和变质岩的肉眼鉴定方法。

二、实验内容

（一）区域变质岩类

各类变质岩中分布最广的一种，成因情况复杂多变，岩石类型较多。

18．板岩

板岩多呈暗灰色、灰绿色，岩性均匀质密，敲之有清脆响声。矿物重结晶程度低。肉眼难以辨认，具板理构造。板理面上微具光泽。常保留原岩的结构、构造特征，板岩是由黏土岩类在浅度区域变质或动力变质而成的。

19. 千枚岩

千枚岩有黄绿、灰、红等色，矿物颗粒较细，肉眼较难辨认。主要成分为绢云母、绿泥石、石英等。岩石中的片状矿物形成细而薄的片状，沿片理面作定向排列，致使岩石具有典型的千枚构造和丝绢光泽（彩图 27）。是黏土岩和粉砂岩浅度区域变质作用的产物。

20. 片岩

片岩主要由片状矿物（云母、绿泥石、滑石、石墨等）平行排列组成，具明显片状构造，沿片理极易剥成小片，常见鳞片变晶结构和斑状鳞片变晶结构。根据所含矿物成分不同，又可分为滑石片岩、云母片岩、绿泥石片岩、石墨片岩、石榴子石片岩等。形成片岩的原岩与千枚岩相同，但按照重结晶（变质）程度，片岩归属于中、深度区域变质作用的产物。

板岩、千枚岩和片岩极易混淆，其区别见表 2-4。

表 2-4 板岩、千枚岩和片岩的区别

特征	板岩	千枚岩	片岩
重结晶程度	肉眼难辨矿物晶体	有时可见细小绢云母片	能明显地看出矿物颗粒
构造	板理，板理面较平整	千枚理片，理面呈微波状	片理，沿片理常能揭成小片
光泽	微具光泽	常具丝绢光泽	较强

21. 片麻岩

片麻岩具片麻构造，等粒或斑状变晶结构。主要矿物成分以长石、斜长石为主，还有石英、黑云母、角闪石、辉石等。矿物大都重结晶，且粒度较大，易于辨认（彩图 29）。片麻岩可由各种沉积岩、岩浆岩经深带区域变质而成，一般将由岩浆岩而来的片麻岩称为正片麻岩，将由沉积岩而来的片麻岩称为副片麻岩。根据所含暗色矿物和长石种类的不同，可将片麻岩分为黑云母斜长片麻岩、角闪斜长片麻岩等许多不同种类。

片麻岩与片岩成过渡关系，但大多数片麻岩中含有长石，而片岩中则少或不含长石，习惯上常根据是否含有粗颗粒长石作为划分标准。

（二）接触变质岩类

这类变质岩是由于岩浆侵入围岩，围岩因受岩浆热及其挥发组分的影响而发生重结晶，有时还伴随着交代作用而形成的一系列变质岩。

22. 大理岩

大理岩主要矿物成分为方解石、白云石等，碳酸盐矿物细粒到粗粒的等粒变晶结构，每一颗粒即为一方解石晶体，常可见到平整的解理面，除含镁较多者外，遇稀盐酸起泡，一般呈块状构造，有时因含杂质而具美丽的花纹。大理岩一般是由石灰岩或白云质灰岩在区域变质或接触变质作用下形成的。

23. 石英岩

石英岩呈白色、灰白色，主要矿物为石英，常具块状构造，等粒变晶结构，它是石英砂岩经区域变质或接触变质作用的产物。

24. 角岩

角岩是一种致密微晶质岩石，多为黑色与灰色，致密块状，微晶结构，有时出现红柱石变斑晶，称为红柱石角岩，多由泥质岩石接触热变质而成（彩图 28）。

25. 矽卡岩

矽卡岩由石榴子石、透灰石以及其他一些钙铁硅酸盐矿物组成的岩石，常形成于石灰岩（或白云岩）与中酸性岩浆岩的接触带及其附近，颜色褐色或绿色不等，具粗、中粒状变晶结构，块状构造。

矽卡岩为接触交代作用的产物，伴随矽卡岩常形成若干重要金属矿产。故矽卡岩是一种重要的找矿标志。

三、注意事项

（1）鉴定变质岩矿物成分时，要特别注意那些变质岩石的特有矿物，如石榴子石、红柱石、硅灰石等。

（2）应注意观察岩石是变晶结构，还是变余结构，如为变晶结构则需描述矿物的形态特征，变斑晶矿物的成分、含量等。

（3）注意观察岩石中的矿物成分是否定向排列，如具定向排列，结合其他特征，应区分出是板状、千枚状、片状还是片麻状构造等。

四、作业

观察和鉴定上述变质岩，并填写实验报告。

第三章　显微岩相学基础

第一节　显微镜下岩石观察的主要内容和一般方法

岩石是矿物的集合体。研究岩石首先必须研究其矿物成分。在标本上肉眼观察矿物和岩石，可以进行初步的岩矿鉴定，任何时候肉眼鉴定都是不可缺少的。根据肉眼观察的矿物和岩石的特点，可以大致定出矿物和岩石的名称，这有利于进一步进行偏光显微镜下的研究。利用偏光显微镜对矿物的鉴定源于光性鉴定法。该法的实质在于研究矿物的光学性质，并通过矿物的光性分析，借以确定岩石中矿物的成分、结构和组合关系，最后确定岩石类型。这种方法属于物理方法。

造岩矿物可以分为透明矿物和不透明矿物两种。偏光显微镜下主要分析透明矿物的光性特征。透明矿物按照光学性质又可分为均质矿物与非均质矿物，后者又分为一轴晶矿物与二轴晶矿物。造岩矿物绝大部分都是透明的，只有少数不透明，不透明矿物一般有特殊鉴定法。而在通常的岩石薄片中一般只观察其颜色、光泽、形态等特征。

一、晶形

晶体在薄片中的形状取决于晶体所属晶系、晶体的对称形式、晶体的生成环境及切片方位。薄片中所见到的晶形并不是整个立体，而仅是某一剖面。同一晶体由于切片方位不同，在岩石薄片中可以表现出各种各样的形态。矿物的形状按其晶形发育的程度分为自形、半自形及他形三种。自形晶体形状完整，如花岗岩中的磷灰石。半自形仅有部分轮廓具有晶形，其余部分则看不到晶体平整的轮廓。例如，闪长岩中的角闪石多半是半自形。这些晶体的柱面发育较好，而两端较差。他形晶体完全不具晶形，如花岗细晶岩中的石英，大理岩中的方解石均为典型的他形。

在集合体中，矿物往往表现出一定的形态和排列方式，通常见到的形态有以下几种：

（1）等向粒状：许多矿物晶粒生长在一起，晶粒在各个方向的长度大致相等，如石英岩和花岗岩中的石英。

（2）针状：晶体的一个方向特别长，另两个方向特别短，如金红石、矽线石的晶体往往呈针状。

（3）条状：矿物的形态如扁平的长板条，如蓝晶石常呈长条形。

（4）柱状：矿物的晶形表现为一个方向较长，另两个方向较短，如角闪石、辉石等。

（5）板状：矿物的晶形表现为两个方向较长、一个方向较短，形状如板，如石膏、重晶石等。

（6）纤维状：许多矿物的纤维结合成一束状，如石棉、纤维蛇纹石等。

（7）叶片状：晶体呈很薄的叶片，这类矿物往往具有完善的底面解理。这是云母和绿泥石常见的晶形。

（8）放射状：针状和柱状晶体成放射状排列，如某些角岩中的红柱石。

（9）球粒状：纤维状的晶体组成球形。例如，在酸性玻璃质喷出岩中，透长石和方英石交互成球粒。

此外，还有网状文象状、雏晶状、熔蚀状等等。

二、矿物的颜色

显微镜下所观察到的是矿物在薄片中呈现的颜色，与手标本上肉眼观察到的颜色常有所不同。前者是在透射光中观察，是透过矿物而未被吸收的部分色光所呈现的颜色，而后者则是在反射光方向进行观察，是反射、散射结果所形成的颜色。

在一个偏光镜下，均质矿物的颜色不因方向而变化，非均质矿物的颜色随方向而不同。一轴晶具有对应 Ne 和 No 振动方向的两种颜色。二轴晶对应 Ng、Nm、Np 有三种颜色，这种性质称为多色性。同时，不同的振动方向，光被吸收的程度也不同，强烈吸收时，矿物呈现不透明；吸收弱时，矿物就呈现透明。这种性质称为吸收性。

观察矿物的多色性，同样可以作为鉴定矿物的手段之一。有的矿物多色性极为明显，如黑云母；有的矿物多色性不太明显，如紫苏辉石。

三、突起

矿物的突起取决于矿物折射率与树胶折射率之差（标准树胶的折射率为 1.54），差数越大，则突起越高。例如，矿物的折射率大于树胶折射率则为正突起，反之即为负突起。

鉴定突起正负，可利用贝克线。首先找到矿物与树胶接界之处，将光圈缩小视域变暗，此时界线即显得格外清楚。然后徐徐转动螺旋，使镜筒上移，如果贝克线向矿物移动，表示矿物的折射率大于树胶；如移动方向相反，则表示矿物的折射率小于树胶。

四、解理

矿物的解理在薄片中表现为沿一定方向平行排列的细缝，称为解理缝，缝与缝之间的间距往往是大致相等的。解理的完全程度不同，解理缝的特征如宽度、清晰程度及缝间距离等也不同。根据解理的完全程度，可将其划分为若干级别。

五、消光性质

非均质矿物在正交偏光镜下均有消光现象，当矿物处于除光时，表明矿物的二振动方向与偏光镜的振动面一致。当转动载物台360°时，消光共有四次。

按照矿物处于消光位时，晶形延长方向或解理缝与目镜十字丝（代表上、下偏光镜的振动方向）的关系，可以分为三种：

（1）平行消光：矿片消光时，解理缝、双晶缝或晶体轮廓与目镜十字丝之一平行。

（2）对称消光：矿片消光时，目镜十字丝为两组解理缝的平行线，如角闪石垂直两组解理的切面。

（3）斜消光：矿片消光时，解理缝、双晶缝或晶体轮廓与目镜十字丝斜交。

六、双晶

矿物的双晶在正交偏光镜间表现清楚。具体表现为相邻两单体不同时消光，呈现一明一暗的现象。根据双晶单体的数目，可以分为下列几种双晶类型。

（1）简单双晶：仅由两个双晶单体组成。在正交偏光镜间表现为一个单体消光，而另一个单体明亮。旋转物台时，两个双晶单体明暗交替，如正长石的卡氏双晶。

（2）复式双晶：最主要的是聚片双晶，双晶结合面彼此平行，在正交偏光镜间呈聚片状。旋转物台时，奇数与偶数两种双晶单体轮换消光，而呈现明暗相同的细条带，如斜长石的钠长石双晶。

七、偏光显微镜下岩石观察的一般方法

用显微镜观察岩石的矿物成分、结构和组合关系已有100多年的历史了，但它现在仍为鉴定岩石的主要手段，对于没有系统学习过晶体光学和光性矿物学的人来讲，掌握以下的学习方法是十分必要的。

（1）要有必要的积累：鉴于光性矿物学本身具有的特点，掌握一定的晶体光学的理论和方法，如对突起级别、解理完全程度的判断以至折射率范围的估算，都需要一个认识、熟悉及准确判断的过程。另外一定要对自然最常见的造岩矿物的光学特征有足够的认识，如是否是透明矿物，是均质矿物还是非均质矿物，矿物的颜色和多色性，晶体形态等。

（2）学会看图查表：常见的造岩矿物有百余种，为了迅速、准确地测定矿物种属，尽可能快地缩小其测知范围是十分关键的。有了不同类型的鉴定表就可以根据其特征查相关的图表，从而得出可能的几种矿物，然后再进一步就这几种矿物之间关键的鉴别特征判定

之。一般光性矿物学的书后都附有鉴定表和干涉图以备查索。

（3）有合理的鉴定程度：初学者在测定未知矿片时应采取以下具体步骤：第一步先在低倍物镜（×4）和单偏光系统下进行观察；第二步在高倍镜和正交镜下观察。

（4）有其他手段的配合：光学方法的确有很多优点，但对自然界某些矿物却又不是它力所能及的了，因此需适当借助染色法等鉴定手段准确测定之。

第二节 常见岩石的显微岩相学实验

一、目的要求

（1）在单偏光、正交偏光下观察各类常见岩石的矿物组成和典型结构，以使学生在肉眼观察矿物和岩石的基础上有所扩展，着重分析各种常见岩石的显微特征和识别标志。

（2）掌握造岩矿物的主要光学性质，注意相似矿物的区别。

二、实验内容

（一）岩浆岩类

1. 玄武岩

玄武岩为基性喷出岩，呈斑状结构，气孔构造和杏仁结构普遍。气孔呈椭圆形—圆形。间粒结构，半自形—自形板条状斜长石杂乱排列，辉石和橄榄石粒状矿物充填其中，局部可见斜长石定向平行排列。在单偏光下，橄榄石为无色，高正突起（彩图 30、彩图 31）。

2. 辉长岩

辉长岩为全晶质，等粒中粒结构。辉石呈他形—半自形，斜长石多呈半自形板条状，少数呈他形，斜长石较辉石自形程度好，辉石和斜长石大小相近、分布均匀，属辉长结构。含少量橄榄石，呈不规则粒状。在单偏光下，斜长石无色透明，颗粒边界不清楚，辉石高正突起，可见近垂直的辉石式解理。正交偏光下斜长石颗粒形态清晰，发育卡斯巴双晶、卡纳复合双晶（彩图 32）。

3. 安山岩

安山岩斑状结构，斑晶为斜长石，自形—半自形，具环带构造，斑晶和基质中斜长石大都因高岭土化呈云雾状，角闪石填隙在斜长石板状格架中。在单偏光下，角闪石绿色—黄绿色，多色性明显，高正突起（彩图 33）。

4. 闪长岩

闪长岩由斜长石和角闪石组成，颗粒大小不均匀，数量相近，杂乱排列，斜长石呈板条状，半自形，在单偏光下，斜长石颗粒边界不清楚，大都高岭土化和绢云母化，角闪石绿色—黄绿色，多色性明显。在正交偏光下，斜长石可见卡斯巴双晶，角闪石柱状，他形—半自形，在单偏光下，角闪石呈棕色—棕黄色，高正突起（彩图 34）。

5. 流纹岩

流纹岩为流纹构造，气孔构造，大多数气孔因流动剪切变形呈拉长状，斑状结构，斑晶为石英和少量透长石，基质为酸性火山玻璃，在单偏光下为褐色（彩图 35）。

6. 花岗岩

花岗岩为花岗结构，全晶质等粒结构，矿物颗粒较粗，分布均匀，主要矿物有钾长石和石英，少量斜长石和黑云母，钾长石为他形粒状，斜长石和黑云母为半自形，钾长石高岭土化、绢云母化强烈，石英呈他形粒状充填其他矿物粒间。

（二）沉积岩类

7. 砂岩

砂岩为中砂状结构，碎屑物主要是石英，粒径一般为 0.2～0.5 mm，磨圆度好，分选中等，次圆—圆状，海绿石（单偏光下呈绿色）和泥状碳酸盐胶结（彩图 36）。

8. 石灰岩

石灰岩为结晶细粒结构，由粒度相近的方解石构成，方解石颗粒间由少量泥质和泥晶碳酸盐组成。

（三）变质岩类

9. 片岩

片岩为片理构造，鳞片变晶结构，主要矿物为石英和白云母，在正交偏光下，矿物定向排列，呈压扁拉长状，石英均已发生重结晶（彩图 37）。

10. 片麻岩

片麻岩为片麻状构造，花岗变晶结构，主要矿物为石英、钾长石、角闪石，石英已重结晶，钾长石多已绢云母化，在正交偏光下，角闪石呈定向排列（彩图 38）。

11. 大理岩

大理岩为粒状变晶结构，主要矿物为方解石，颗粒较粗，他形粒状，粒径为 0.5～1 mm，颗粒大小较均匀，镶嵌状分布，方解石式解理清楚（彩图 39）。

12. 石英岩

石英岩为粒状变晶结构，主要矿物为石英，他形粒状，粒径为 0.3～0.8 mm，镶嵌状分布（彩图 40）。

三、注意事项

（1）鉴定岩石中主要矿物成分时，要特别注意那些相似矿物的区别。

（2）应注意岩浆岩、沉积岩和变质岩典型结构的观察。

四、作业

观察和鉴定上述各类岩石薄片，并填写实验报告。

第四章　宝石鉴赏

宝石是自然和人类智慧的结晶，因其晶莹绚丽、温润素净以及质地高雅被人们视为圣洁之物。人们对宝石充满着迷信，并将宝石与财富和权力相联系。在珠宝被认为是主要装饰品以前，宝石在宗教领域里已经占有重要地位并和皇权紧密相连。随着人类物质文化水平的提高，特别是 20 世纪初南非发现原生的金刚石矿床之后，以钻石为代表的珠宝首饰业走向大众化，目前镶嵌宝石的首饰已成为广大年轻人结婚的信物、生日的礼品和服装的配饰。此外，由于通货膨胀和货币汇率的浮动，人们已不再迷信储存美元和英镑等国际货币，在面临宝石价格逐年稳定上升的情况下，高档宝石已成为值得储备的硬通货。显而易见，宝石始终具有十分重要的商业意义，正是出于商业考虑及纯科学兴趣，宝石学作为一门独立的学科发展起来了。

那么宝石学的性质是什么？ 宝石学可定义为研究宝石及宝石原料的科学。因为宝石及宝石原料多是自然界产出的单个晶体矿物，所以，宝石学作为矿物学的一个专门分支发展起来。但它又和矿物学截然不同，因为宝石是指凡是适于琢磨和雕刻成精美首饰和工艺品的原料，又大多来自自然矿物单个晶体的无机宝石，而矿物是在自然界中天然形成的，宝石则是矿物中的精品，需要人的智慧设计和琢磨。

第一节　有关宝石的概念

在矿物中，颜色鲜艳美观、折射率高、光泽强、透明度好、硬度高（一般摩氏硬度在 5 级以上）、化学性质稳定者都可以作宝石。广义的宝石还包括各种玉雕石料甚至彩石石料；而狭义的宝石，专指金刚石、红宝石、蓝宝石等。

一、概念

（1）广义：包括单个晶体的宝石也包括矿物集合体或多晶质体的玉石。按照我国的传统习惯，玉石指自然界产出的多晶质矿物集合体宝石。也就是说它是由多个晶体组成的。这种多晶质集合体的结构有时肉眼是难以见到的，但在显微镜下很容易观察到。外观上玉石多呈半透明到不透明。依据组成矿物的不同，玉石分为不同的品种，如翡翠、软玉等。

（2）狭义：天然单个晶体或晶体的一部分，粒径大于 3 mm，颜色鲜艳，硬度较大（摩氏硬度＞5），透明度高，如果透明度差，必须有特殊的光学效应。狭义宝石的概念指自然界产出的矿物单晶体宝石，它是宝石中最常见的种类。这里所说的单晶体，意即整个宝石是由一个晶体组成的，它外观看起来晶莹剔透，如钻石、红宝石、水晶等。

二、分类

宝石可以分为天然宝石和人工宝石两大类。

（1）天然宝石：指由自然界产出，具有美观、耐久、稀少性和工艺价值的，可加工成装饰品的物质。

天然宝石根据其成分和形成方式分为无机宝石和有机宝石两类。

无机宝石：由自然界的地质作用形成，其成分主要为无机物。大部分的宝石属于这一类，如上述的钻石、翡翠等。

有机宝石：由自然界生物生成，部分或全部由有机物质组成的宝石。如珍珠、琥珀、玳瑁等。

（2）人工宝石：完全或部分由人工生产或制造用作首饰及工艺品的材料。它包括合成宝石、人造宝石。

由于自然界的资源是有限的，天然宝石越来越少，无法满足人们对珠宝首饰的需求。同时也随着科学技术的提高，人们在实验室或工厂中用人工的方法制造宝石。于是就产生了人工宝石。

合成宝石：完全或部分由人工制造且自然界有已知对应物的晶质或非晶质体，其物理性质、化学成分和晶体结构与所对应的天然珠宝、玉石基本相同。例如，自然界存在红宝石，人们模仿天然红宝石的化学成分和结构用人工的方法制造出红宝石，这样的红宝石称为合成红宝石。

人造宝石：由人工制造且自然界无已知对应物的晶质或非晶质体。例如，人造钇铝榴石，这是一种只有在实验室才能制造出来的晶体，自然界没有天然的钇铝榴石，因此它是一种人造宝石。

三、宝石命名的原则

（1）天然宝石的命名规则：国家标准规定，天然宝石在命名时可直接使用天然宝石的名称，无须加“天然”二字，如钻石、红宝石、蓝宝石等。也就是说，若宝石名称前未加任何修饰词，说明它一定是天然的。产地一般不参加命名，如南非钻石、缅甸红宝石是不对的。

（2）人工宝石的命名规则：国家标准对人工宝石的命名方法有严格的规定，以便将它们与天然宝石区分开来。对合成宝石必须在其所对应的天然宝石前面加上“合成”二字，如合成红宝石、合成钻石。对人造宝石一般需在材料名称前面加“人造”二字，如“人造钇铝榴石”。

四、天然宝石必须具备的条件

（一）美丽

（1）足够大：宝石晶体的颗粒大小是体现宝石之美的物质基础，只有足够大（一般粒径要大于 3 mm），才能够呈现宝石的内在美。但是，在自然界中，绝大多数晶体的粒径都很小，只有在特定地质环境下，才能形成粒径较大的宝石晶体。例如，紫水晶在晶洞中可以形成较大的晶体。

（2）颜色好：颜色是识别任何物质最直观的第一印象，宝石也不例外。颜色好的宝石主要体现在颜色鲜艳、色彩单一，如纯蓝色、纯绿色等，最好不是混合色，如黄绿色、粉红色等，而且要求颜色饱满、色相正、分布均匀。

（3）透明度高：宝石一般都是非金属矿物晶体，透明或者半透明，当宝石晶体内部成分纯净，内含物少，透明度就越高，透明度越高，宝石的质量就越好。多晶质的玉石如果透明度很高，一定属于高档玉石，如玻璃种的翡翠。

（4）特殊光学效应：变色效应、变彩效应、星光效应、光彩效应。

（二）稀少

自然界中矿物晶体的结晶颗粒都很小，能成为宝石晶体的更为稀少。如果宝石晶体大于 3 mm 则更是非常少见。从另外一个角度讲，存在于地壳中的 5 000 余种矿物中，能成为宝石的种类不过六七十种，这六七十种矿物具备色泽艳丽、粒度大、透明的概率非常小，物以稀为贵就是这个道理。例如，纯绿色的祖母绿（彩图 41）在自然界非常稀少，好的 1 克拉祖母绿比钻石还珍贵；反之，水晶很漂亮，但由于并不稀少，通常称这类宝石为大众化宝石，其价值主要体现在其独特性，如水胆玛瑙。

（三）耐久

宝石晶体耐久的特性主要体现在硬度和韧性两个方面。高档宝石要求硬度大于 7，这主要是因为宝石有其世代相传的文化传统。当一粒宝石能够长期抵御风沙的侵蚀，而风沙中的主要成分是硬度为 7 的石英砂粒，宝石耐久的品质就能够充分体现出来。另外，当宝石有解理、裂理时，脆性强，韧性差；反之，则韧性强。例如，由纤维状角闪石族矿物为主要组分的软玉，韧性就特别强，体现了不屈不挠的品性。

五、天然宝石经济评价的依据

（一）宝石的品种

世界公认的高档宝石种类是：钻石（Diamond）、红宝石（Ruby）、蓝宝石（Sapphire）、祖母绿（Element）、金绿宝石（Chrysoberyl）、翡翠（Jadeite）。它们的价格一般都大于 150 美元/ct[①]。

中低档宝石（半宝石）：锆石、海蓝宝石、托帕石、水晶等。它们的价格在 15～150 美元/ct。需要说明的是，以上分类的方法是从学术角度进行的划分，从商业角度，一般不注明宝石属于哪个档次，特别是中档宝石。

（二）宝石的质量

不同的宝石品种具有不同的质量，同一种类的宝石也会有不同的质量。宝石的质量主要体现在它的天然属性，包括颜色、透明度、净度或特殊光学效应以及奇特性。

高质量宝石颜色具有纯、正、匀、浓、亮的特点。此外，所有宝石都会含有或多或少的与主体宝石在成分、结构或相态差异的包裹体，这些包裹体的特征是鉴别宝石性质的重要参数。但是，从质量评价的角度来看，包裹体越少，宝石的纯净度就越高，透明度也就越好。

特殊光学效应主要指：猫眼效应，即素面宝石弧顶面在可见光条件下呈现平行移动的丝绢状光带，形似猫中午眼睛的光带（彩图 42）；星光效应，即弧面宝石呈现的相互交叉成双成对的光带，如星光红蓝宝石（彩图 43）；变彩效应，同样是素面型宝石戒面上则同时呈现五颜六色的现象，欧泊的变彩效应最典型（彩图 44）；变色效应，在日光照射下呈绿色，晚上在白炽灯光照射下呈红色。金绿宝石其中的一个变种就叫作变石，具有变色效应；火彩效应，是指自然光照射宝石时呈现五颜六色的现象，专业术语叫作色散，俗称“出火”或“火彩”。例如，切割完美的无色钻石就有非常漂亮的火彩，提升了钻石的高贵品质（彩图 47）。

（三）宝石的重量

宝石的重量与价格的公式为：$\$ = D^2K$（$\$$为宝石的价格，D 为粒径，K 为每克拉的价格）。在其他因素相当的条件下，宝石的价格随颗粒直径的平方而增长。特别是狭义的宝石，属于单晶体，粒径越大在自然界出现的概率也越低。例如，大于 5 ct 的红宝石极其罕

① 克拉（ct）是宝石的质量单位，1 ct=0.2 g。1 ct 又分为 100 分，如 50 分即 0.5 ct。

见。从商业角度讲，在遵循上述公式的基础上，也会在特定的宝石重量节点出现价格台阶。例如，99 分钻石和 1 ct 钻石之间就会出现较大的价格台阶。

（四）宝石的款式和切工

宝石的款式分为经典款式和个性化款式。例如，钻石的圆钻型和长方的祖母绿型，这些款式能够最大程度体现宝石的内在美，历久不衰，属于质量的加分因素；个性化款式以玉石的款式最为典型，根据玉石的俏色加工的翡翠白菜是不能用简单款式评价其价值的，属于无价之宝。

一般来讲，切工占宝石总价格的 10%～15%。越是高档宝石越是要求高质量的切工。例如，钻石的切工要求特别严格，三楞交于一点，不能出现抛光痕，具有良好至完美的对称性。世界上最著名的切工在比利时，俗称“安特卫普工”。

（五）买主的喜好

不同文化背景对宝石的偏好是不一样的。西方国家明显对透明宝石有所偏好，祖母绿、红蓝宝石、钻石、紫晶是其所爱；相反，东方文明更偏爱半透明的玉石制品，他们更以“人养玉、玉养人”的信念赋予在玉石文化中。颜色的偏好也明显带有地域文化色彩。例如，德国人喜爱金黄色的珍珠，而东方人更喜爱白色。

第二节　宝石的鉴定原理

一、有关晶体的基本概念

（一）晶体（晶质体）

晶体（晶质体）内部质点的排列是有序的，且具有规则的几何多面体外形。根据肉眼可辨别其晶体的边界与否，可以再划分为显晶质（彩图 1）和隐晶质（彩图 3、彩图 4）。

（二）不同晶系的宝石

根据结晶轴之间的关系，常见分属不同的晶系：

（1）等轴晶系：$a=b=c$ 且 $a \perp b \perp c$。例如，钻石、尖晶石、石榴石、萤石等。

（2）四方晶系：$a=b \neq c$ 且 $a \perp b \perp c$，往往呈四方柱状。例如，锆石、金红石、锡石等。

（3）三方或六方晶系：三条水平轴 120°相交；$a=b=d$，c 与三轴垂直；呈六边形切面。例如，红宝石、蓝宝石、水晶、祖母绿等。

（4）斜方晶系：$a \perp b \perp c$ 且 $a \neq b \neq c$，晶形多呈短柱状或柱状。例如，金绿宝石、托帕石、橄榄石等。

（5）单斜晶系：$a \neq b \neq c$，a 轴、b 轴与 c 轴直交，a 轴与 b 轴斜交。属于这个晶系的宝石有翡翠、软玉、月光石、蛇纹石、孔雀石等。

（6）三斜晶系：三轴不等长，不直交。例如，日光石。

二、宝石的力学性质

（一）解理

在外力作用下，宝石晶体沿一个或某几个方向有规则地裂开。裂开的面叫作解理面。通常根据裂开的难易程度分为极完全节理、完全节理、中等节理、不完全节理、无解理，也可以根据方向分成一组、两组、三组、四组解理（彩图 8）等。

（二）断口

有外力作用下，宝石晶体沿任意面断开。解理和断口互为消长的关系，有解理的方向很难发育断口（彩图 5）。

（三）裂理

在外力作用下，宝石晶体沿双晶的结合面裂开。宝石中出现的解理、断口和裂理皆属于宝石中的瑕疵或者说是结构性包裹体，它们的分布和量级会影响宝石的质量。

（四）硬度

针对宝石矿物单个晶体而言，由于宝石鉴定属于无损鉴定，正常情况下宝石成品是不能直接测试硬度的。

（五）韧性

抗磨损、抗压入、抗拉伸的能力，即抗分裂的能力。例如，软玉的结构属于纤维交织结构，所以软玉的韧性就很强。

三、宝石的光学性质

(一)自然光和偏振光

自然光是指与光波传播方向垂直的平面内，可以沿任意方向振动(图 4-1)。例如，太阳光、电源光均属于自然光。自然光经过反射、双折射或通过起偏镜后，改变了光波的振动方向，使其只在一个特定方向振动的光波，称为偏振光(图 4-1)。依据这一原理设计的偏光镜，可以区别均质体和非均质体。例如，红宝石和红色尖晶石都是红色，但是，在偏光镜下，红宝石有光性变化，而红色尖晶石则没有。

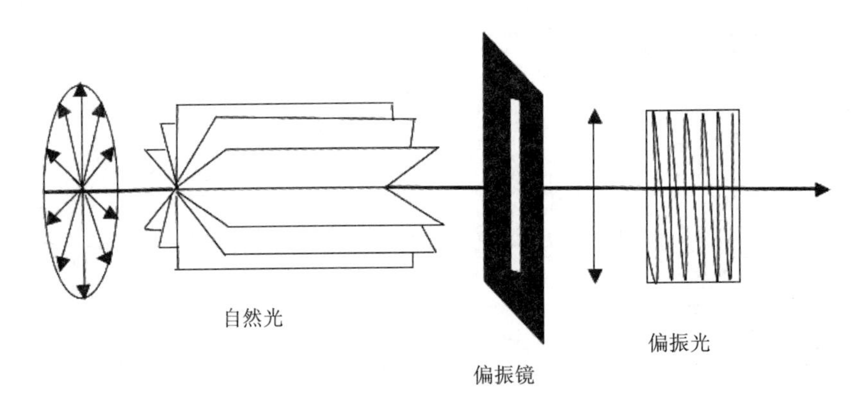

图 4-1 自然光与偏振光(姬潮绘制)

(二)光的折射、全反射、折射率

我们知道，宝石都是透明的，把一束光投射到宝石的一个面，一部分光进入宝石内部，一部分光反射出来。因为宝石密度大于空气，进入宝石的光速减少而发生折射。投射到宝石表面的另一部分光会反射到空气中；反过来，当光由宝石内部向外传播，折射角等于 90°时，对于空气而言，这时的入射角被称为“临界角”。如果入射角稍大于临界角，光就全部反射回宝石之中，这种现象称为全反射(图 4-2)。常见宝石的临界角：钻石为 24°25′，红、蓝宝石为 43°37′，水晶为 40°50′。折射率是指光在空气中的传播速度与在宝石晶体中的传播速度之比。折射率是宝石鉴定必有的光学参数。根据宝石对光的折射原理，专门有测定宝石折射率的仪器叫作折射仪。

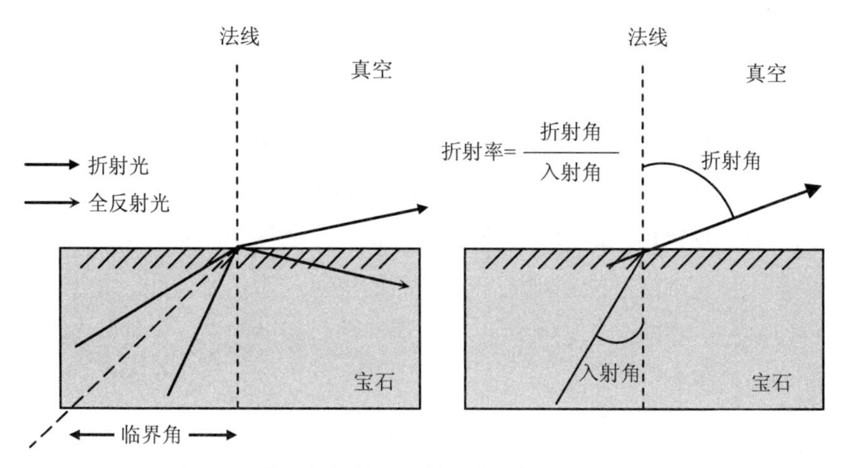

图 4-2 宝石的折射、反射和全反射（姬潮绘制）

（三）光在均质体和非均质体中的传播

1. 均质体

宝石内部质点的排列在不同方向上是一致的，光在各个方向传播速度不变，只有一个折射率，简称为各向同性。等轴晶系的宝石体和非晶质的宝石属均质体。

2. 非均质体

宝石晶体在不同方向内部质点排列不同。当光进入宝石后，自然光分解成两条相互垂直的偏振光，传播速度除光轴外也不相等，呈现出两种不同的折射率，即双折射，简称为各向异性。双折射率=最大折射率-最小折射率，也是鉴定非均质体宝石的重要光学参数，通过仪器可以直接获得。

（四）一轴晶、二轴晶

1. 光轴

非均质体宝石在一个或两个方向不发生双折射现象的方向叫作光轴。例如，天然墨晶镜片的切磨，应该选择垂直光轴方向，否则就会产生双折射损坏眼睛。

2. 一轴晶

只有一个方向不发生双折射的宝石晶体。属于一轴晶的宝石有四方晶系、三方晶系和六方晶系的宝石。

3. 二轴晶

有两个方向不发生双折射的宝石晶体。属于二轴晶的宝石有斜方晶系、单斜晶系和三斜晶系的宝石。二轴晶的宝石会有三个折射率值。

（五）颜色

宝石的呈色机制极其复杂，例如，刚玉类宝石中的红宝石是由于含有微量的致色离子（Cr^{3+}）所致。一般来讲，宝石的颜色是对可见光范围内（400～700 nm）不同波长的光波选择吸收后，入射或反射出来的混合颜色。颜色是宝石的第一印象，也是质量评价重要的参考依据。注意：颜色观察不能在阳光下看宝石的颜色，避免紫外线。北半球应该在北窗户散射光条件下观察。在珠宝店购买时也要注意避免过强的光源。专业检测宝石颜色会通过色谱对比和比色石进行。

（六）色散

指白色光分解为七种单色光而形成光谱的现象。

一般而言，宝石的色散随折射率的增加而加强。对于无色宝石而言，可以提高内在美感（图 4-3）。

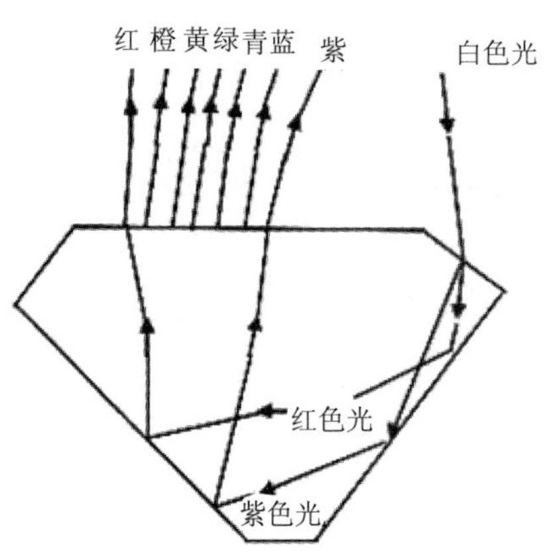

图 4-3 宝石中的色散（姬潮绘制）

（七）多色性

宝石晶体在透射光照射下，不同方向呈不同颜色叫作多色性（彩图 45）。多色性宝石一定是非均质体，均质体宝石不具多色性；并非所有的非均质体有色宝石具有明显的多色性；一轴晶的宝石具有二色性的性质，二轴晶宝石有三色性性质。检测宝石多色性性质的仪器叫作二色镜，可以区分红宝石和红色尖晶石。

（八）光泽

光泽是宝石表面对可见光的反射能力，与宝石的折射率和表面光洁度有关。由于宝石皆属于透明晶体，进入宝石的光波较多，反射光较少，所以，宝石的光泽不会像金属表面明亮夺目；此外，宝石的光泽不会作为质量高低评判的依据。例如，高档宝石中的红宝石、蓝宝石、祖母绿、玻璃种的翡翠都属于普通的玻璃光泽。一般将宝石光泽分为：

（1）金刚光泽（小于金属光泽）：像金刚石那样的光泽灿烂夺目（彩图47）。

（2）玻璃光泽：反光较弱，类似玻璃表面所具有的光泽。大部分宝石为玻璃光泽。

（3）油脂光泽：如同动物脂肪的光泽。多属于半透明玉石类的光泽。例如，软玉、蛇纹石质玉石。蜡状光泽与其相似，一般消费者不易区分（彩图59、彩图60）。

（4）丝绢光泽：纤维状集合体呈现的丝丝发亮的光泽。例如，纤维状木变石、虎睛石等（彩图56）。

（5）珍珠光泽：如同蚌类动物内壳呈现的晕彩。珍珠光泽是评价珍珠的首要条件。

（九）透明度

宝石的透光能力称为透明度。无论是宝石还是玉石，透明度高都是高品质的象征。它是宝玉石质量评价重要的参照指标。特别是玉石，由多晶质细小晶体组成，本属于半透明，当能够达到玻璃种透明时，这块玉石的品质就很高，俗称“水头足”。

四、宝石的其他性质

（1）密度：每一种宝石都有特定的密度值，具有排他性，可以定量测试，作为鉴定宝石的重要参数。测试方法有比重液测试法和比重计测试法。需要说明的是，镶嵌宝石测试前须经宝石所有者认可同意，检测后重新镶嵌要再次检查抓手的牢固性。

（2）发光性：宝石发光性一般使用紫外分光光度计定性测试宝石在外在能量照射下，是否能够发出可见光的性质。当外来能量作用于宝石时，宝石随即发出可见光，关掉紫外分光光度计开关，发光现象也随即停止，这种现象称作荧光。若外来能量停止后，宝石在一定时间内继续发光，这种性质叫作磷光。例如，钻石、红宝石、锆石具有发荧光性质；萤石、磷灰石具有发磷光性质。平常所说的夜明珠就指发磷光的萤石。需要说明的是，测试宝石的发光性需要在暗域条件下进行。

五、宝石中的包裹体

（一）概念

宝石矿物在形成过程中，在宝石矿物内部，与主体宝石有成分、结构或相差差异的内部缺陷及内含物。其中包括：

（1）结构上的缺陷：色带、生长线、解理、裂理、断口。

（2）内含物：具有固、液、气三个相态。其中以固体包裹体最多。例如，红宝石、蓝宝石中的气液包体和不透明的磁铁矿包体等。

（二）分类

（1）先成包裹体（原生包裹体）：包裹体的形成早于主体宝石。

（2）同期包裹体（同生包裹体）：包裹体与宝石同时形成。

（3）次生包裹体（后生包裹体）：宝石形成后，由于外力的作用使宝石产生裂隙，气相或液相的包裹体填入裂隙中。

（三）研究意义

（1）指示宝石所属的晶系。

（2）指示宝石的种属。

（3）确定宝石的性质（天然、合成）。

（4）确定宝石是否经过了处理改善。

（5）确定宝石的产地来源。

（6）确定人工合成宝石合成的方法。

（7）确定宝石的质量和分级。

（8）确定宝石的形成条件和成因。

六、宝石鉴定的步骤

（一）原料鉴定（天然、合成）

主要指未经加工打磨的天然或合成料石。这一阶段属于有损鉴定，同常规的岩矿鉴定。

（二）成品鉴定

宝石成品主要指琢磨后的宝石。成品的鉴定必须解决三个问题，一是确定种属；二是确定性质（天然、合成）；三是是否经过人工改善处理。鉴定步骤如下：

1. 肉眼鉴定

观察宝石的基本属性，初步判断仪器鉴定的种类和方法。

2. 仪器鉴定

仪器鉴定又分为常规仪器鉴定和特殊仪器鉴定。常规鉴定主要包括折射率、双折率、密度等；特殊仪器包括吸收光谱、热导仪、偏光仪，紫外灯等。

3．放大检查

分为 10 倍放大镜检查和宝石显微镜检查。例如，10 倍放大镜条件下检测主要观察宝石的净度，可观察到的瑕疵等级等。例如，钻石的净度分级就是在 10 倍放大镜条件下完成的；宝石显微镜下主要观察宝石包裹体的形状、大小以及成因。

4．大型仪器

如果一些特殊宝石上述鉴定还无法鉴定宝石经过了哪些人工处理，就需要使用一些特殊的大型仪器，如 X 射线仪等。

第三节 宝石各论

一、钻石（Diamond）

（一）概述

金刚石和钻石的英文都为 Diamond，其区别在于作为首饰之用者为钻石，工业用途为金刚石。钻石以其典型的金刚光泽、火彩般的色散、自然界最硬的罕见之物被誉为宝石之冠、众石之王，深受人们的喜爱。钻石对某些人来说代表权力、富贵、地位、成就和安祥，而对某些人来说却是爱情、永恒、纯洁和忠实、勇敢、坚贞的象征。

按物质来源可以分为原生矿石和次生砂矿。约 20%金刚石的产量可以作为钻石之用。没有确切统计资料证明钻石交易占世界珠宝交易额的具体份额。但是，大家公认钻石交易占世界珠宝交易额的一半以上。金刚石生成于上地幔，通过地壳运动带到地表。最早发现于印度。

世界主要产地为澳大利亚、南非、俄罗斯、加拿大、博茨瓦纳、巴西、印度等。中国主要产地为辽宁、山东、湖南沅江等。

金刚石虽然属于由碳组成的单质矿物，但它的分类主要依据氮的含量。含氮越高，颜色偏黄，为工业用金刚石。

金刚石可分Ⅰ型和Ⅱ型，Ⅰ型金刚石成分中含元素氮混入物，Ⅱ型金刚石不含氮。Ⅰ型金刚石又分为$Ⅰ_a$型和$Ⅰ_b$型；Ⅱ型金刚石也分为$Ⅱ_a$型和$Ⅱ_b$型。其中，$Ⅰ_a$型含氮 0.3%～0.8%，在自然界占绝大多数。$Ⅱ_b$型含其他致色元素，所占比例很小，多形成色钻。

（二）物理性质

硬度 10，是硬度为 9 的刚玉的 140 倍，脆性强，怕重击。密度 3.521 g/cm^3。具有金刚光泽，均质体。宝石级金刚石为无色或近无色（彩图 47）；工业用金刚石为黄色或褐色。

浸油性，触摸会留下手印。有颜色不等的荧光。导热性强（凉）。注意事项：天然钻石属于半导体，经人工改色的钻石属于绝缘体。裂钻可用高铅玻璃填充。

（三）鉴定

肉眼鉴定：粒度小，有特殊的光泽，不漏光，用舌头舔较凉，不结雾，笔画连续（浸油性）；仪器鉴定：热导仪、偏光镜、紫外灯、X 射线（透明）。热导仪对镀膜钻石（镀有 10 μm 钻石粉）无效。

（四）与相似宝石和赝品的区别

（1）锆石：自然界中最像钻石的天然宝石，密度为 4.8 g/cm^3，非均质体，有重影。

（2）人造立方氧化锆（Cubic Zircon）：泰国称为白宝石，密度为 6 g/cm^3，硬度低。

（3）合成碳化硅（Synthetic Moissanite）：非均质体，有重影。

（五）钻石与合成碳化硅的鉴别

合成碳化硅又名合成莫桑石、合成碳硅石（化学成分 SiC），比以往任何仿制品更接近钻石。这是由美国北卡罗来纳州的 C_3 公司制造生产的，已拥有世界各国生产合成 SiC 的专利，正在向全世界推广应用。

合成 SiC 色散 0.104，比钻石（0.044）大，折射率 2.65～2.69（钻石 2.42），具有与钻石相同的金刚光泽，但“火彩”更强。

按钻石的 4C 分级标准，合成 SiC 的颜色（color）、净度（clarity）、切工（cut）及重量（carat weight）的特性是：

颜色：目前合成 SiC 还没有无色的，多为浅灰绿、浅黄、灰蓝。按《钻石分级标准》（GB/T 16554—1996）色级在 96、95（H、I）以下。具有二色性（钻石不具二色性）。

合成 SiC 密度为 3.22 g/cm^3（钻石 3.52 g/cm^3），约比钻石轻 10%。按圆钻的标准车工，当直径为 6.5 mm 时，钻石一般重量为 200 mg（即一个克拉）。而按标准车工制作的 6.5 mm 圆形的合成 SiC，重量只有 160 mg（80 分）多一点。

合成 SiC 的导热能力与钻石接近，用钻石热导仪测试合成 SiC 会出现钻石反应，所以不能依靠热导仪鉴定。由于合成碳化硅的高硬度及高折射率，已切割的合成 SiC 表面反光及光泽与钻石极为接近。就是用硬度笔也不容易区分钻石与合成 SiC。可使用下列鉴定仪器进行检测：用 10 倍放大镜观察。

（1）刻面棱线：合成 SiC 的硬度虽高达 9.25，但还远不如钻石的硬度，所以刻面棱线仍不及钻石那么锐利。

（2）重影观察：钻石是均质体只有单折射，而合成 SiC 则为非均质体具有双折射，且两个值相差很大，因此会产生重影，即刻面棱线会变成两个影像。但在切割合成 SiC 时常会把没有重影的方向（即光轴方向）垂直于桌面，所以必须倾斜一个角度或侧边观察才能看出重影现象。

（3）内部特征：钻石内常含角状矿物或有裂纹等特征，合成碳化硅则常含类似针状物的特征。

（六）钻石的评价（4C 分级）（Clarity，Cutting，Carat weight，Color）

（1）净度（Clarity）：包体的体积越小越好，数量越少越好，颜色越淡越好，位置不要在台面下。

无瑕：完美无瑕 FL（Flawless）：在 10 倍放大镜下，看不到瑕疵。

内部无瑕 IF（Internally flawless）：在 10 倍放大镜下，发现少量外部缺陷。

VVS_1—VVS_2：10 倍放大镜下，亭部有瑕疵。

VS_1—VS_2：10 倍放大镜下，能看到瑕疵的大小、数量和方位。

SI_1—SI_2：瑕疵可能出现在台面下。

I_1、I_2、I_3：肉眼能看到瑕疵。

（2）切工（Cutting）：肉眼评价：不漏光，楞角分明，锋利，三楞交于一点，无毛边。

专业评价：钻石最好的切工是完美切工 3EX（图 4-4、图 4-5）。3EX 切工就是钻石的切磨是 Excellent（优秀的），抛光度（Polish）也是 Excellent，对称性（Symmetry）也是 Excellent，这三者的结合就是 3Ex，它所显现的钻石火彩是最好的。

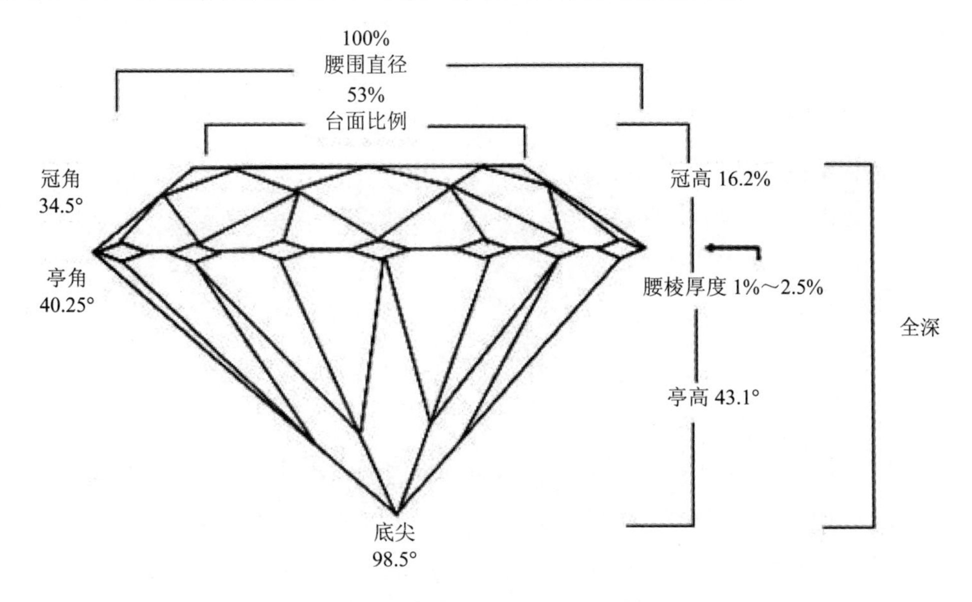

图 4-4　圆钻的标准切工（姬潮绘制）

图 4-5　钻石切工的对比（姬潮绘制）

（3）重量（Carat weight）：消费者不易把握，购买时应注意宝石自身的重量。主体宝石和群镶的碎钻分别计重。

（4）颜色（Color）：字母法，数字法。

D 级	超级无色白	100 色
E 级	特级无色白	99 色
F 级	纯无色	98 色
G 级	准无色	97～96 色
H～I 级	下级微黄色	95 色
J 级	较轻微黄色	94 色
K～L 级	轻微黄色	93～92 色
M、N、O、P 级		91～88 色
R 级以下		85 色以下

（七）购买中的注意事项

用 10 倍镜观察，核实证书和分级证书是否被国家认可，注意主石的单重和托的成分，检查托的牢固性。

二、刚玉类宝石

（一）概述

刚玉类宝石（Al_2O_3）由于致色离子可以分为红宝石（Ruby），蓝宝石（Sapphire）。红宝石、蓝宝石因内部管状包体所致都可能有星光效应，分为四射、六射、八射星光（彩图 43）。有星光效应的红宝石、蓝宝石由于透明度低，都以素面型出现。

（二）物理光学性质

一轴晶。无解理，密度 4 g/cm^3 左右，硬度 9，有丝绢状（管状）或指纹状包体。多色性明显，红宝石在紫外灯下有荧光。蓝宝石一般没有荧光，含 Cr 呈红色；含 Cr、Fe 呈橙色；含 Fe、Ti，呈蓝色；含 Fe 呈黄色。

（三）刚玉类宝石的命名分类

颜色为深紫红色、略带紫的红色、红色、橙红色的刚玉类宝石叫作红宝石，其他颜色的都叫作“某色蓝宝石”（彩图 48）。

红宝石最佳为“鸽血红”（缅甸），蓝宝石最佳为“矢车菊蓝”（印控克什米尔，彩图 49）。

（四）基本的鉴定特征

除无色和黄色外，其他颜色的刚玉类宝石二色性强。荧光效应，长波紫外强于短波紫外。天然的往往在台面方向上无二色性（台面垂直于光轴）。红宝石、蓝宝石一般都有色带或丝绢状、指纹状包体。天然宝石含有天然的包裹体。红宝石、蓝宝石一般都经过了热处理，这是国际上允许的。但是，扩散法要特别说明，因为扩散法实际上属于染色，染色的蓝宝石表面有坑洼的地方，颜色变化大。

（五）天然刚玉与合成刚玉的区别

（1）天然的颗粒较小，大于 5 ct 的罕见（彩图 46）；合成的颗粒较大，大于 5 ct 的常见。

（2）天然的刻面不规则；合成的刻面规则。

（3）天然的颜色不均匀但柔和；合成的色度高，颜色艳丽。

（4）天然的红宝石、蓝宝石表面上往往有缺陷；合成的表面无缺陷，但往往有抛光痕。

（5）天然红宝石、蓝宝石的色带和生长线是平直的；合成的往往是弯曲的。

（6）好的天然红宝石、蓝宝石台面上不见二色性。

（7）天然红宝石、蓝宝石最常见的包体是丝绢包体或天然包体；合成的多含气泡或熔渣。

（8）天然的星光红宝石、蓝宝石，星线粗细、长短不一，交于一个区域；合成的星线细长、长短一致，交于一个点。

（六）红宝石、蓝宝石的评价

红宝石、蓝宝石是有色宝石，颜色是评价有色宝石的首要因素。需要注意的是：市场上绝大多数的有色宝石都经过改色处理。

红宝石和蓝宝石的颜色包括色彩、色调和饱和度几个方面。

（1）色彩：分为极好、非常好、好、较好、差五级；

（2）色调：按深浅分为很深、深、中等、浅、很浅五级；

（3）饱和度：按鲜艳程度分为很高、高、中等、较低、差五级。

就色彩和色调而言，天然产出的红宝石和蓝宝石不可能表现为单一的光谱色，这就会有主色和附色之分，如红宝石以红色为主，其间可带微弱黄、蓝紫色；蓝色蓝宝石以蓝色为主，其间可能有微弱的黄色、绿色色调。原则上，红宝石和蓝宝石的颜色越接近理想的光谱色，颜色质量越高，如缅甸鸽血红红宝石和克什米尔矢车菊蓝宝石就与理想光谱色较为接近，因此，它们质量最好。附色所占比例越大，颜色就越不纯，颜色质量就越低。

红宝石最有价值的颜色是均匀的鸽血红，其次是较浅的紫红色。在透明红宝石中，微棕红色、玫瑰红色、粉红色均被认为是不大理想的颜色。不过在星光红宝石中，这些颜色也是十分受欢迎的。

对蓝宝石而言，一般认为理想的颜色是纯正均匀的蓝色。但对金黄色的蓝宝石而言，由于其更加稀少，加之这种蓝宝石火彩较强，亮度较大，因而也十分受欢迎。对具有变色效应的蓝宝石，由于它可仿冒变石，十分稀少，故也同样十分受人喜欢。蓝色、黄色和变色蓝宝石是目前市场上最受欢迎的几种颜色。

天然产出的宝石级红宝石颗粒一般都很小，达到 1 ct 者已不多见，大于 5 ct 的则为罕见之物，因而，宝石越大，每克拉的价格增加的幅度也越大，其克拉价值远大于钻石。从目前来看，红宝石的克拉价值台阶主要出现在 1 ct、3 ct、5 ct 和 10 ct 处。迄今为止，世界上发现的最大的红宝石产于缅甸，重 3 450 ct。著名的鸽血红红宝石，最大者仅重 55 ct，最大的星光红宝石产于斯里兰卡，重 1 387 ct，这些都是世界著名的珍品。

蓝宝石的产量比红宝石要多，几克拉者常见，几十克拉者也不稀罕，但大于 100 ct 者仍非常珍贵。世界上发现的最大的蓝宝石重达 19 kg，产于斯里兰卡。一颗被称为亚洲之星的巨大星光蓝宝石，重达 330 ct，为世界著名珍品。镶在英国王冠十字架中心的“圣爱德华蓝宝石”，也是世界著名珍品。总体来讲，天然蓝宝石的价格要比天然红宝石低得多。

对透明红宝石和蓝宝石而言，评价仍需考虑净度和透明度。越是纯净、透明的红宝石和蓝宝石，价格越高。完全透明、无瑕、无裂纹的红宝石是很难得的，因为在 10 倍放大镜下，红宝石总有这样、那样的小缺陷或各种包裹体，因此，对红宝石的透明度和净度要求自然要低些。

由于相当纯净透明的蓝宝石较易找到，对于蓝宝石的评价而言，净度和透明度的要求比红宝石要高得多。真正质量好的蓝宝石，一般都要求纯净、透明。纯净度和透明度不高，其价格将会大受影响。

评价红宝石和蓝宝石另一个值得重视的因素是宝石的加工质量，加工质量的好坏不但影响美观，而且影响颜色。优质红宝石和蓝宝石要求底部切割适中。若底部太浅，将使中心完全成为“死区”；若底部太深，则会影响透明度，比例会失调，同时影响镶嵌。出现这些情况，其价格都将大打折扣。

星光红宝石和蓝宝石应单独评价。除了必须具备理想的颜色、均匀的色调、无瑕疵、抛光精细等条件，更为重要的是星线的亮度、形状位置、完好程度以及比例关系。星线越亮、形状越规则的越好，星线的交点要求位于半球状宝石的顶点。偏离顶点，宝石的价格将大受影响。星光宝石要求星线细而平直、完好，如出现缺亮线、断亮线和亮线弯曲等也都会严重影响其价格。

（七）刚玉类宝石的保养

红宝石和蓝宝石裂理发育，佩戴时不应与硬物碰撞，以防碎裂。红宝石和蓝宝石首饰不应与钻石首饰放在一起，也不应该将多个刚玉族宝石的首饰保存在一起，以免相互刻划。佩戴时间长后，红宝石和蓝宝石首饰上会被油污沾染，可用干净的软布擦拭，或用牙刷和温性的洗涤剂清洗。

三、绿柱石（Beryl）

（一）祖母绿（Emerald）

1．概述

祖母绿因其透度高、翠绿色而闻名于世。它是由 Cr^{3+} 致色的绿色绿柱石，其他绿柱石称为“某色绿柱石”。祖母绿的绿色颜色越重，价值越高。

祖母绿青翠悦目，它的颜色代表着每当春天来临时大自然的美景和许诺的标记，也是忠诚、仁慈和善良的象征。国际宝石界把祖母绿定为“五月的生辰石”。

目前世界上最大的祖母绿晶体是 1956 年在南非发现的，重达 2.4 万 ct（合 4.8 kg）。世界上最著名的祖母绿产地是哥伦比亚的木佐和奇沃尔。世界上最有名的祖母绿是德文郡祖母绿，是一块未经切割的美丽的绿色祖母绿晶体，重 1 383.95 ct，1891 年退位的巴西皇帝堂·皮德罗一世把它作为礼品赠送给第六代英国德文郡公爵，并由此得名，现在仍然保存在英国自然历史博物馆。

主要产地：埃及（最早出现）、哥伦比亚（最有名）、乌拉尔（晶体大、裂隙大）、津巴布韦（颗粒小、瑕疵多）、巴西（颜色偏淡、略带黄色）。

2．物理光学性质

六方晶系，一轴晶，解理不完全，裂隙发育，硬度为 7.5，密度为 2.63～2.90 g/cm^3，玻璃光泽，二色性明显。鉴别比较容易，少有天然宝石与其相近，祖母绿的鉴定问题主要是天然祖母绿与合成祖母绿的区别。

3．天然祖母绿与合成祖母绿的鉴别

（1）合成祖母绿颜色浓、艳，天然祖母绿纯净。

（2）合成祖母绿的折射率低于天然祖母绿。

（3）合成祖母绿的双折率低于天然祖母绿。

（4）在 354 nm 的紫外光下，天然祖母绿的荧光弱于合成祖母绿。天然祖母绿有三相包体，合成祖母绿中基本上是气液态纱状、T 状包体。

（5）镀层祖母绿：在浅色的绿柱石或祖母绿的表面镀上绿色的膜。裂处的颜色深，裂规则，可放入水中鉴别：中间浅，边缘深。

（6）拼合石：表层是上等祖母绿，下层是较次的祖母绿，如绿柱石或玻璃等。可以有二层石、三层石。拼合石多出现于“闷镶”的首饰中。

4．祖母绿的优化

祖母绿有“十绿九裂”之说。为了美观和防裂、填裂，需要给祖母绿的裂隙注油。注油的折射率值与祖母绿相当。需要注意的是，祖母绿在优化处理过程中禁止染色。

5．祖母绿的评价与分级

祖母绿的评价需要考虑颜色、透明度、净度、重量。

一级：深的翠绿色、翠绿色、带蓝的蓝绿色，包体少，裂占总体积不超过 5%。

二级：深的翠绿色、翠绿色、带蓝的蓝绿色，包体少，裂占总体积不超过 10%。

三级：深的翠绿色、翠绿色、带蓝的蓝绿色，包体少，裂占总体积不超过 15%。

质量上好的祖母绿都打磨成长方形的祖母绿型（彩图 50），质量稍差的一般打磨成其它琢型。另外，拼合石有时会以赝品的形式出现，在评价和选购时应特别注意。

6．祖母绿的保养

祖母绿性脆，不能烘烤和振动，不易在长期过热的环境下佩戴，不能用超声波清洗。

（二）海蓝宝石（Aquamarine）

海蓝色的绿柱石，属于中档宝石，致色离子是 Fe^{3+}。光学性质与祖母绿相似，有弱的多色性。有彼此平行的丝状包体，若磨成素面型则为“海蓝宝石猫眼”。在市场上与海蓝宝石相近的宝石主要是改色的托帕石（区别：托帕石为二轴晶，密度大于海蓝宝石）。海蓝宝石的评价：海蓝宝石一般呈浅蓝色，高质量的应该越蓝越好，透明度高，内部洁净，重量大。

四、金绿宝石（Chrysoberyl）

（一）概述

金绿宝石是矿物家族中唯一冠以“宝石”二字的矿物，也是珍贵宝石中很特殊的一个成员。说它特殊是因为这种宝石有两种特征相差甚远的变种——猫眼（cat's eye）和变石（Alexandrite），但一般的金绿宝石本身不是很名贵，市场所见也不多。金绿猫眼体色蜜黄，眼线乳白色，体色与眼线差异越大越值钱。变石白天为绿色，夜里为红色，变色效应越明显质量越好。世界上金绿宝石的产地非常有限，主要来自斯里兰卡及巴西，另外俄罗斯及缅甸也有少量产出。

在天然宝石中，具有猫眼效应的宝石有十几种之多，但从古至今，人们对金绿猫眼情有独钟，称之为真猫眼。在亚洲，金绿猫眼还是好运气的象征，人们相信佩戴猫眼可使人健康富有。而变石，又称为亚历山大石，在自然界所有具有变色效应的宝石中，同样是独一无二的。诗人曾用白天的祖母绿，晚上的红宝石来赞誉它奇特的变色效应。至于变石变色的的成因是部分金绿宝石对光有选择性地吸收，吸收橙—黄绿色的光，对红光及绿光则基本上不吸收。这样白天阳光中绿色波长的光较强，宝石便呈现绿色，晚上红色波长的光较强，宝石在烛光下便呈现出红色。

（二）猫眼的形成条件

猫眼及猫眼效应的形成需具备下列条件：

（1）素面型，腰圆形。

（2）有细丝状金红石包体，且包体互相平行，平行于戒面的底。

（3）包体和宝石本身的颜色有强烈的对比差。

（三）物理光学性质

颜色为棕黄色、绿黄色、黄绿色，变石可呈红色和绿色。透明—半透明，玻璃—油脂光泽，折射率为1.744～1.758，二轴晶，中等解理，硬度为8～8.5，密度为3.71～3.758 g/cm^3。优质的金绿宝石有明显的三色性。

（四）金绿宝石的评价

1. 猫眼

（1）体色：蜜黄色，眼线乳白色（彩图42）。

（2）粒度越大越好。

（3）猫眼效应：①平放时，眼线位于中间，最窄，最锐利（与磨工有关）；②转动时，眼线要散开，灵活，越散开越好；③眼线与底色的关系是半透明。

2. 变石

变石评价主要考虑变石的变色效果、大小、透明度及瑕疵多少。一般来说，变色效果越明显，如白天呈翠绿色，晚上呈鲜红色，则质量越高。但正常情况下，具有这样明显变色效果的宝石极少，一般是白天呈暗绿色，晚上呈红褐色，即白天像绿碧玺，晚上像石榴红。大粒的变石较少，因而较名贵。一般来说，粒大、透明度高而瑕疵少的变石，其价格也高。国际上优质变石的价格可达 1 000～5 000 美元/ct。

（五）猫眼与变石首饰选购

（1）选购猫眼宝石最重要的是要注意颜色纯正、蜜蜡黄，眼线集中明亮。另外，要厚薄适中，太厚，会增加价钱而又使镶嵌难度加大。

（2）选购变石首先要注意其颜色是否纯正，变色效果是否明显；其次是宝石要有一定大小并且少瑕疵。

五、橄榄石（Olivine）

橄榄石因其颜色多为橄榄绿而得名。橄榄石大约是 3 500 年以前，在古埃及领土圣•约翰岛发现的。颜色固定（黄绿色），俗称“黄昏的祖母绿”。属于中档宝石，产地分布广，多赋存于玄武岩斑晶之中。

古时候称橄榄石为“太阳的宝石”，人们相信橄榄石具有像太阳一样强的力量，可以驱除邪恶，降伏妖魔。橄榄石颜色艳丽悦目，为人们所喜爱，给人以心情舒畅和幸福的感觉，故被誉为“幸福之石”。国际上许多国家把橄榄石和缠丝玛瑙一起列为“八月诞生石”，象征温和聪敏、家庭美满、夫妻和睦。橄榄石常用来做胸针、指环、耳坠等，为珠宝市场上常见的中档宝石。

世界上最大的一颗宝石级橄榄石产于红海的扎巴贾德岛，重 310 ct，现存于美国华盛顿史密斯学院。在俄罗斯莫斯科金刚石库中，保存有一粒产于红海的橄榄石，重 192.6 ct，颜色鲜艳，纯净透明，是 1096—1291 年十字军东征巴勒斯坦时掠夺的。我国河北省张家口地区万全县大麻坪发现的橄榄石，重 236.5 ct，取名为“华北之星”，是我国橄榄石之最。

（一）物理光学性质

斜方晶系，二轴晶，无解理，断口呈油脂光泽，戒面呈玻璃光泽，硬度为 6.5～7，会有圆形、椭圆形、百合叶形的气液包体，密度为 3.27～3.48 g/cm^3，具脆性，韧性较差，极易出现裂纹，多色性不明显，双折射率高（0.036），在显微镜下可以看到重影。

（二）鉴定

有特殊的橄榄绿，双折射率高有重影，在二碘甲烷中缓慢下沉，多色性弱。

与相似宝石的主要区别：①碧玺，多色性明显。②绿色的锆石，明显的火彩。③祖母绿，透明度高，颜色纯，多色性明显（彩图 20）。

（三）橄榄石的评价与选购

主要依据颜色、重量、切工和包裹体。以金黄绿色和祖母绿色、包裹体少、重量大和琢型为祖母绿型为佳品。工艺上要求颜色鲜艳、光泽强、透明度好，宝石中无解理、裂隙和其他缺陷为最佳。选购时注意：橄榄石特有的橄榄绿色，内部的包裹体呈睡莲叶状，裂隙和缺陷应尽量少。佩戴时应尽量注意避免磕碰、撞击，以免出现裂纹。

六、碧玺（Tourmaline，电气石）

有“辟邪石”之称。其他叫法有巴西祖母绿、吸灰石、电气石、西伯利亚红宝石。有多种颜色，透明度高。

（一）物理性质

属三方晶系，一轴晶。晶体呈复三方柱状，三角形断面，纵向晶纹。硬度为 7～7.5，韧性好。颜色多种多样，有无色、玫瑰红色、粉红色、红色、蓝色、绿色、黄色、褐色和黑色等，玻璃光泽，透明度较好。折光率一般为 1.624～1.644，双折射率为 0.018～0.040，色散 0.017。具极强的多色性。密度为 3.06～3.26 g/cm^3。无解理，贝壳状断口。碧玺还具有压电性和热电性，这也是电气石名称的由来。

（二）碧玺的鉴定

颜色种类广泛，且颜色不均，有双折射现象，有色碧玺二色性强（彩图 51）。透明度高，透明度稍差的有些有猫眼效应。与相似宝石的主要区别在于：托帕石密度大、二轴晶。

（三）评价与选购

碧玺以颜色、透明度、内部缺陷多少和重量作为评价与选购的依据。其中以蔚蓝色和鲜玫瑰红色为上品。碧玺的透明度要好，表面具有玻璃光泽，同一晶体颜色不均匀，内部缺陷（包裹体和裂隙）要少。碧玺具有脆性，佩戴时应注意避免撞击。

碧玺颜色鲜艳、美丽、多变，透明度高，自古以来深受人们喜爱。目前它是仅次于祖母绿、变石的中档宝石之一。据记载，清朝慈禧太后的殉葬品中，有一朵用碧玺雕琢而成的莲花，重量为 36.8 钱（1 钱等于 3.12 g），当时的价值为 75 万两白银。人们把碧玺定为“十月诞生石”，象征安乐与和平。

具有宝石级价值的碧玺多产在强烈钠长石化和锂云母化的微斜长石钠长石伟晶岩的核部。世界上 50%～70%的彩色碧玺，来自巴西米那斯吉拉斯州的伟晶岩中。还有美国、俄罗斯、斯里兰卡、缅甸等国也有产出。我国新疆的阿勒泰所产的碧玺，晶莹剔透，颜色多样，并有内红外绿的“西瓜皮”珍品。

七、托帕石（Topaz）

托帕石是英文 Topaz 的中文译音，矿物学名称叫作黄玉，实际上它并不是玉石，而是单晶质宝石。托帕石是一种色彩迷人、漂亮又便宜的中档宝石，深受人们喜爱。国际上许多国家将托帕石定为“十一月诞生石”，是友情、友谊和友爱的象征。宝石级托帕石主要产在花岗伟晶岩、气成热液型、矽卡岩及冲积砂矿床中。世界上 95%以上的托帕石产于巴西靠近罗德里格西尔瓦城的米纳斯吉拉斯伟晶岩中，品种为无色及各种艳色的托帕石，曾产有重量达 300 kg 的透明托帕石，堪称世界之最，现藏于美国纽约自然历史博物馆。此外，斯里兰卡、俄罗斯、中国、美国、英国、缅甸等国也有托帕石生产。我国已在新疆、内蒙古、广东、云南等十几个省区发现了托帕石。

（一）物理性质

外观像水晶，但有平行底面解理，水晶是一轴晶，托帕石是二轴晶，密度比水晶大。多色性清楚。硬度为 8，密度为 3.49～3.57 g/cm^3。解理发育，性脆。在长、短波紫外线的照射下，各种颜色的托帕石显示不同的荧光。

（二）鉴定

市场上出现的托帕石，多为通过辐射法改色的蓝色托帕石。二轴晶。最佳的鉴定方法是密度，在二碘甲烷（密度为 3.32 g/cm^3）重液中托帕石下沉，依此区别相似的宝石。另外，还可用某些托帕石的特有包裹体区分，但是，需要用显微镜鉴定。

（三）评价与选购

天然托帕石和改色托帕石都以颜色、净度和重量作为评价依据。以颜色深，透明度好，块大，无裂隙为佳品。依据颜色，一般可分为酒黄色、无色、蓝色、绿色、红色托帕石。其中，上等的深黄色者最为珍贵，颜色越黄越好；其次是蓝色、绿色和红色者。用天然无色托帕石经辐射加温处理后的蓝色托帕石、黄色托帕石已经大量投入市场，其颜色淡雅艳丽，性质稳定，一切特性与天然托帕石基本上无差异，无法鉴别，但是在出售时应注明“改色托帕石”（彩图 52）。选购托帕石时要求颜色浓艳、纯正、均匀，透明，瑕疵少，重量至少在 0.7 ct 以上。托帕石具有脆性和解理，怕敲击、摔打，容易沿解理方向开裂，佩戴时应时刻注意。

八、尖晶石（Spinel）

尖晶石是中档宝石中的上等品，红宝石最主要的替代品。世界上著名的尖晶石产地有缅甸、斯里兰卡、柬埔寨、泰国等国。我国已在河南、河北、福建、新疆、云南等省区发现了尖晶石。尖晶石自古以来就是较珍贵的宝石。由于它的美丽和稀少，所以也是世界上最迷人的宝石之一。另外，由于它具有美丽的颜色，自古以来一直把它误认为红宝石。目前世界上最具有传奇色彩、最迷人的重 361 ct 的“铁木尔红宝石”（Timur Ruby）和 1660 年被镶在英帝国国王王冠上重约 170 ct 的“黑色王子红宝石”（Black Prince’s Ruby），直到近代才鉴定出它们都是红色尖晶石。

在我国清代皇族封爵和一品大官帽子上用的红宝石顶子，几乎全是用红色尖晶石制成的，尚未见过真正的红宝石制品。世界上最大、最漂亮的红天鹅绒色尖晶石，重 398.72 ct，是 1676 年俄国特使奉命在我国北京用 2 672 枚金币卢布买下的，现存于俄罗斯莫斯科金刚石库中。

（一）物理光学性质

尖晶石是一族矿物，宝石级尖晶石则主要是指镁铝尖晶石，化学分子式为 $MgAl_2O_4$，是一种镁铝氧化物，属等轴晶系。晶体形态为八面体及八面体与菱形十二面体的聚形。颜色丰富多彩，有无色、粉红色、红色、紫红色、浅紫色、蓝紫色、蓝色、黄色、褐色等。尖晶石的品种是依据颜色而划分的，有红、橘红、蓝紫、蓝色尖晶石等。玻璃光泽，透明，折光率为 1.715～1.830，均质体，硬度为 8，密度为 3.58～4.62 g/cm^3，贝壳状断口，淡红色和红色尖晶石在长、短波紫外光下发红色荧光。

（二）天然尖晶石与合成尖晶石的鉴别

首先需要用偏光镜检查。

合成尖晶石在偏光镜下有虎皮状消光，异常干涉色。天然尖晶石为均质体（彩图 53），有八面状包体且排列规则；合成尖晶石颜色均一，艳丽，有酒瓶状气泡。

（三）尖晶石的评价与选购

颜色、透明度、重量是尖晶石的评价与选购的依据。尖晶石有各种颜色，通常含有较多的包裹体，呈成层分布，透明度较高。红色尖晶石最受人们欢迎，颜色以深红、紫红为佳，透明度高、重量大（10 ct 以上少见）是佳品。有星光效应的尖晶石也较为贵重，艳蓝、绿的尖晶石也较好。

九、石榴石（Garnet）

矿物学上叫作石榴子石，是由铝系和钙系组成的一族矿物，类质同像现象普遍。所以，硬度、密度和颜色随着成分差异而有所不同。石榴石在变质岩中广泛分布，也可以副矿物的形式出现在花岗岩及花岗伟晶岩中，被称为“一月生辰石”。

（一）物理光学性质

等轴晶系，铝系石榴石多呈四角三八面体，而钙系石榴石则多呈菱形十二面体。富含包体，无解理，玻璃光泽。断口参差状，为油脂光泽。半透明。硬度为 6.5～7.5，密度为 3.32～4.19 g/cm^3。性脆。均质体，但在偏光镜下有异常干涉色。颜色变化大，有深红色、红褐色、棕绿色、绿色、黑色等。最常见的呈暗红色。其中，绿色石榴石学名叫作钙铝榴石，商业名称叫作沙弗莱石（彩图 54）；仿祖母绿，有黑色磁铁矿包体；翠榴石，学名叫作钙铁榴石，很像祖母绿，但有特殊的马尾状包体。

产地：捷克、斯洛伐克、俄罗斯、美国、肯尼亚、坦桑尼亚、斯里兰卡、巴西、印度和中国等都有产出。

（二）鉴定与评价

鉴别：均质体，偏光镜下有异常干涉色。依亚种的不同有特征的包裹体，红色石榴石呈暗红色，透明度偏低，与红宝石和红色尖晶石的区别是紫外灯下无荧光。

质量评价：宝石级石榴石因为含有微量元素铁离子等致使红色石榴石透明度偏低。所以，优质石榴石以透明度高、粒度大、绿色、红色为上佳。

十、锆石（Zircon）

锆石分为高型锆石（作首饰）和低型锆石（含有少量有放射性）。主要产地有柬埔寨、泰国、缅甸、斯里兰卡等。红色的锆石在日本被称为风信子石，无色的被称为马特拉钻石。锆石是火成岩中常见的副矿物之一，通常作为早期结晶产物，被包裹在其他造岩矿物之中。有些国家把锆石和绿松石或青金石一起作为“十二月诞生石”，象征成功和必胜。高型锆石是岩浆早期结晶的矿物，不含或少含放射性元素，对人体无害。世界上最著名的蓝色锆石，重 208 ct，现珍藏于美国纽约自然历史博物馆。

（一）物理光学性质

四方晶系，一轴晶。颜色红棕色、黄色、灰色、绿色到无色。硬度为 7～7.5。韧性差。

可以出现贝壳状断口，金刚光泽，密度为 4.4～4.6 g/cm^3。有 0.04～0.06 的双折射，紫外灯下有荧光。

（二）鉴定

锆石是天然宝石中最像钻石的一种宝石，过去经常作为钻石的代用品。但是，锆石本身有很强的双折射、密度较大。

与人造立方氧化锆（Cubic zircon）的区别：人造立方氧化锆是均质体，密度约为 6 g/cm^3，没有重影，颗粒较大。注意，人造立方氧化锆不是天然锆石的人工合成品，两者的晶体结构和性质完全不同。

与钻石的区别：钻石是均质体，没有重影，密度为 3.521 g/cm^3，锆石可以有颜色，而钻石一般是无色的。

（三）评价与选购

主要依据因素是颜色、净度、切磨的款式和重量。锆石最为流行的颜色为无色和蓝色，以蓝色者价值较高。无色锆石是宝石级锆石的最优质品种，因其色散度高、透明无色，常用作钻石的代用品。纯净度和切工也是评价的重要因素，但是，由于硬度远低于钻石，棱处常出现磨损。

十一、月光石（Moonstone）

月光石是长石宝石家族中的一种，直译即月光石。由于它往往呈乳白色，半透明具有淡蓝色的晕彩，仿佛雨后初晴朦胧的月色，故名月光石。几个世纪以来，月光石就是人们喜爱的宝石之一，人们相信它能唤醒心上人温柔的热情，它和珍珠、变石一道同是 6 月诞生者的幸运石，象征着富贵和长寿。

月光石温柔的晕彩又称为冰长石晕彩，它是由正长石内具有的一些微细钠长石双晶片，对光线漫反射产生干涉作用产生的。双晶片越红薄，所形成的月光就越明亮，加工好有时能形成似“猫眼”的亮带，并呈现出淡蓝色光波。

（一）月光石的鉴别与评估

月光石与相近的宝石主要有白色的石英猫眼、玉髓、欧泊、玻璃和塑料等。月光石与它们的重要的区别是：①月光石的晕彩是极为特殊的，当转动宝石时，它往往呈片状移动，而石英猫眼则呈现眼线的线状移动。②长石具有明显的解理，在一些微小断面处可见到参差状的断口，而其他的相似宝石多为壳状断口，断口处为光滑的弧面。③月光石内部有时可见有“百足虫”状的包裹体，可作为鉴定的重要依据。

当上述特征不明显时，便要通过测定宝石的折光率及密度进行区分。

月光石的价格主要受宝石晕彩的漂亮程度、宝石的大小、瑕疵多少、透明度及加工质量等因素影响。市场上较大粒（2 ct 以上）的月光石并不少见，但晕彩完善的并不是很多。许多月光石的晕彩，或者不够明亮，或者偏离宝石正中，影响宝石的美观而使价格降低。另外，部分宝石内结构较粗，解理明显或出现裂纹，透明度低，这些都会降低宝石的价格。月光石多磨成弧面宝石，宝石腰下部分太厚会影响宝石的镶嵌，并降低每克拉宝石的价格。

有月光石出产的地方很多，但具有商业性生产价值的产地却不多。市场上月光石的重要来源主要是缅甸和斯里兰卡。

（二）月光石首饰选购要诀

（1）月光石的“月色”要明亮，且蓝色闪烁，光彩浑厚，最好位于宝石的正中。

（2）月光石厚度要适中，不适宜太厚。

十二、石英类宝玉石（Quartz）

石英在地球表面分布广泛，故被称为大众化的宝石。它由单晶体的宝石变种和多晶质的玉石变种两部分组成。单晶质的变种主要有：水晶，无色透明的石英晶体；彩虹石英，裂隙里含有气体、液体包体，由此产生光的干涉而呈现彩虹；发晶，含有特征的金红石丝状包体；紫晶（Amethyst），紫色—红紫色，色调浅，颜色分布不均，含铁和锰；黄晶，黄色水晶，托帕石的代用品；烟水晶，茶色水晶；墨晶，墨黑色，含有机质的半透明晶体。

玉石变种有：东陵石，绿色石英岩，含铬云母片；密玉，含绢云母的绿色石英岩；马来西亚玉，染色石英岩；木变石，保留了石棉纤维状结构的石英集合体；芙蓉石，粉色，学名叫作蔷薇石英；还有白色石英岩、京白玉、玛瑙和欧珀等。

（一）物理光学性质

化学成分为 SiO_2。一轴晶，硬度 7，双折射率 0.009，无解理，贝壳状断口，密度为 2.56～2.66 g/cm^3。特征包裹体：针状、纤维状、云母、磁铁矿等。紫晶多色性由弱到明显。

（二）鉴别

石英类宝石常见，原石鉴定很容易，但是，成品天然与合成物的鉴别则非常复杂。一般来讲，天然的石英类宝石内部多纯净；合成水晶内部同样也很纯净，有时含有仔晶板。由多个颗粒组成的水晶链很容易鉴别。与托帕石区别测密度，托帕石密度较大，有解理。

（三）经济评价

从品种上讲，紫晶最值钱，其他石英类宝玉石的价值主要在于奇特性，如水胆玛瑙。

（四）主要亚种介绍

1. 紫晶

紫晶是石英类宝石大家族的一个重要成员。它高贵、典雅、庄重，被选为“二月生辰石”。另外，有些国家将紫晶定为结婚 17 周年的纪念宝石和 20 岁生日的纪念宝石。

天然产出的紫水晶因含铁、锰等矿物质而形成漂亮的紫色，主要颜色有淡紫色、紫红、深红、大红、深紫、蓝紫等，以深紫红和大红为最佳。天然紫晶通常会有天然冰裂纹或白色云雾杂质。具有宝石价值的紫晶均产在火山岩、伟晶岩，或灰岩、页岩的晶洞中（彩图 55）。

紫晶在自然界分布广泛，主要产地有巴西、俄罗斯、南非、马达加斯加，其中又以巴西米纳斯吉拉斯伟晶岩矿床中产出的紫晶质优而久负盛名。

天然紫晶的鉴别：市场上仿天然紫晶的主要有玻璃和合成紫晶。紫晶与紫色玻璃具有不同的物理性质。它们在正交偏光镜下具有完全不同的表现：紫晶在转动一周时，显示四明四暗，而玻璃则显全暗。此外，在放大镜或显微镜下，透过宝石看后刻面棱时，紫晶可以见到一条棱有两条清晰的影像，而作为单折射材料的玻璃则没有这种现象。所以，一般用 10 倍放大镜就可区分玻璃和紫晶。

目前商业上采用水热法合成紫晶，技术已经相当成熟，由于生产技术不断提高，生产成本不断降低，进入市场的高质量的合成紫晶数量不断增大，天然紫晶与合成紫晶鉴别是购买紫晶饰品时最主要的问题。

从外观上看，一般合成紫晶的颜色色调极为均一，不像天然紫晶会存在颜色深浅不同的变化，但颜色色调的区别还不能作为鉴别的唯一依据。根据其包裹体、色带等内部特征才能做出准确的鉴定。

合成紫晶所含气液包体较少且颜色分布均一，而天然紫晶的颜色则呈平直的片状分布。大体积的合成晶体可能含有无色的仔晶晶核。合成紫晶的其他特点与天然紫晶相同，无法通过常规的检测手段找到其与天然水晶的区别。

佩戴时注意事项：大多天然形成的宝石颜色、性质都很稳定，但紫晶的紫色却并不是它最稳定的状态，在受到高温烘烤或长期曝晒时紫晶易腿色，甚至变成更稳定的浅黄至黄色。因此佩戴和收藏时应避免高温和曝晒。

2. 芙蓉石

芙蓉石又称“玫瑰石英”“蔷薇石英”“祥南玉”，是一种桃红色半透明至透明的石英块体，有玻璃光泽或油脂光泽，硬度为 7。中国的芙蓉石出产于新疆、云南、内蒙古等地，优质的芙蓉石出产于巴西。芙蓉石主要用于雕琢项链、鸡心以及小型摆件等。芙蓉石以色深为佳，桃红色越深越好，如近于白色的淡桃红色则价值甚低。

3．东陵石（Aventurine）

东陵石最早产于印度，故又名“印度玉”。学名是砂金石，也是水晶家族的成员。其内含物通常会有微晶粒、黄铁矿等。东陵石目前有绿色及红色两种，大多不透明，偶尔部分有点半透明，硬度与水晶差不多。绿色的东陵石曾被称为印度翡翠，但底色油绿不正，上面有光亮的小点，密度低于翡翠，其价格也远逊于优质翡翠。

4．玛瑙（Agate）和玉髓（Chalcedony）

玛瑙和玉髓均为隐晶质石英，矿物学中统称为玉髓。宝石界将其中具纹带构造隐晶质块体石英称为玛瑙，如果块体无纹带构造则称为玉髓。

玛瑙的化学成分以 SiO_2 为主，还常含有微量元素，如铁、锰、镍等。晶体形态属隐晶质，具粒状、纤维状结构，集合体常为钟乳状、肾状、结核状、致密块状。玛瑙具有各种颜色的环带条纹（彩图 4）。玛瑙和玉髓纯者为白色，含色素离子和杂质使玛瑙颜色非常丰富，所以有“千种玛瑙万种玉”之说。

颜色为红、蓝、绿、葱绿、黄褐、褐、紫、灰、黑等，且有同心状、层状、波纹状、斑纹状各样花纹。油脂光泽至玻璃光泽，透明至半透明。折光率为 1.54～1.55。硬度为 7，密度为 2.61～2.65 g/cm^3。无解理，贝壳状断口，有裂纹。

玛瑙和玉髓与相似玉石的区别：玛瑙和玉髓根据不同颜色、纹带及其他花纹可以区分开。与绿色玉髓相似的玉石有东陵石、绿色翡翠、绿松石、天河石等，可以根据颜色、质地、密度等方面的差别来区分。玉髓较为光亮、隐晶质结构，质地细腻。东陵石等石英岩颗粒粗大，细粒结构，质地相对较粗糙。绿色翡翠具有变斑晶交织结构，可见到斑晶或纤维状硬玉晶体。绿松石透明度差，瓷器光泽，硬度低，为 5～6。天河石具有明显格子状条纹。

玛瑙和玉髓的评价与选购。玛瑙按形态特征可以划分为以下几个品种：缟状玛瑙、苔藓玛瑙、风景玛瑙、火玛瑙、水胆玛瑙等。著名的南京“雨花石”是具同心纹构造的玛瑙的一种。玛瑙的评价与选购因素是颜色、透明度、块度。工艺要求是颜色鲜艳、纯正，色层厚；表面光洁，透明度高；纹饰均匀、明晰，线性程度好；质地细腻、坚韧；无裂纹或裂纹少；块度大。红色、绿色和蓝色为最佳。

玉髓的品种：绿玉髓，又称为澳洲玉。玉髓的颜色纯正而美丽，块度越大越好。绿玉髓、葱绿玉髓的优质者最为珍贵。玉髓多加工成戒面、手镯、项链等首饰。

玛瑙从古至今均属受人们欢迎的中档玉料。中国最大的一件水胆玛瑙艺术品——大观园，重 7 350 g，胆内体积 1 100 多 cm^3，藏水 850 g，水胆是玛瑙形成时包裹进来的，极为珍贵，堪称稀世珍宝。许多国家把缠丝玛瑙和橄榄石作为“八月诞生石”，西方人认为佩戴它象征着夫妻和睦、恩爱、幸福，被誉为“幸福之石”。

玛瑙赋存于基性火山岩期后热液型矿床、火山岩裂隙和空洞中。绿玉髓成因属火山期后热液作用的结果。世界著名的玛瑙产地很多，巴西和中国云南产红玛瑙。印度、美国产苔藓玛瑙。俄罗斯、冰岛、印度、美国、中国产灰白色玛瑙。中国是产玛瑙大国。世界优质绿玉髓产于澳大利亚昆士兰、斯里兰卡、印度等国。

5．木变石（Wood alexandrite）

木变石是保留了石棉纤维状构造的石英集合体，因为它的颜色和纹理与树木十分相似而得名。根据颜色和纤维的排列状况又分为木变石和虎睛石。

木变石和虎睛石（Tiger eye）实际上都是一种“硅化石棉”，它是由岩石中蓝色或绿色纤维状石棉脉，经酸性热水溶液交代，石棉中的铁和镁析出，变成了纯 SiO_2 集合体而形成的。

木变石是平直密集排列的纤维状石英集合体。木变石的颜色常为褐色、黄褐色、蓝色和蓝灰色，颜色是由石棉中析出的铁质沉淀在纤维状石英颗粒孔隙中间造成的，微细的纤维状十分明显（彩图 56）。木变石的质地细腻，具强的丝绢光泽，不透明。硬度为 6.5，密度为 2.78 g/cm^3。韧性较好。

木变石和虎睛石的识别。木变石和虎睛石有特殊的颜色，褐黄、蓝褐色，还有明显的微细纤维结构以及明亮的丝绢光泽，这是自然界中任何玉石所没有的。木变石和虎睛石的颜色比较深，为使其更漂亮，多在制作成品之前将坯料放入草酸中浸泡半小时，溶解出一部分铁质，使其颜色变浅。

木变石和虎睛石的评价与选购。木变石和虎睛石属中档玉料，一般用作项链、手链和玉器雕刻材料。评价与选购的依据：质地是否细腻，颜色淡雅以及块体大小。黄色、红色、蓝色，质地细腻，无空洞、无杂质，块重 10 kg 以上的为一级品。

6．密玉（Mi Jade）

密玉因产于河南密州市而得名，是一种含细小鳞片状绢云母的致密石英岩。颜色以绿色系列为主，与东陵石相比，质地细腻致密，没有明显的砂金效应，高倍镜下放大检查可以见到细小的绿色云母较均匀地呈网状分布。

密玉质地紧硬、细腻，色泽鲜艳、均匀，极少杂质，具有天然色彩。密玉分为红、白、青、黑、绿五种颜色，其中绿色翠透，最为珍贵，有“河南翠”之称。玉器产品主要有摆件工艺品和首饰工艺品两大类，尤其以摆件工艺品最具盛名。

7．马来玉（Malaysia Jade）

马来玉也叫作马来西亚玉（翠），实际上并不产于马来西亚。它是一些印度及巴基斯坦商人，在大陆开放初期大量带入云南边界兜售的一种假翡翠。马来西亚玉其实是一种染成绿色的极细粒石英岩，但与翡翠相比存在明显的不同之处：马来西亚玉的颜色过于鲜艳而十分不自然，在查尔斯滤色镜之下颜色不会变红色，但在 10 倍镜下可观察到染色剂存在，即颜色无根，是染色的现象。

8．欧泊（Opal）

欧泊在矿物学中属蛋白石类，具有变彩效应的宝石蛋白石，是一种含水的非晶质的二氧化硅（彩图 44）。内部具球粒结构，集合体多呈葡萄状、钟乳状。底色呈黑色、乳白色、浅黄色、橘红色等。半透明至微透明。玻璃光泽、珍珠光泽、蛋白光泽。具变彩效应。折光率为 1.37～1.47，无双折射现象，色散很微弱。硬度为 5.5～6.5，密度为 2.15～2.23 g/cm^3。性脆，易干裂，贝壳状断口。在长波紫外线照射下，不同种类的欧泊发出不同颜色的荧光。

宝石级欧泊琢成弧面型，外观光润灿烂，色彩迷人。它拥有红宝石的火焰、紫水晶的亮紫色和祖母绿的翠绿色，集红宝石的艳丽、紫水晶的华贵和绿宝石的迷人于一身。在欧洲，欧泊是幸运的代表，被认为是希望和纯洁的象征。东方人把它看作象征忠诚精神的神圣宝石。美国人大多喜欢红色、橘红色的欧泊，日本人普遍喜爱蓝色和绿色的欧泊，中国人民垂青于暖色调的红色欧泊。国际宝石界把欧泊列为“十月诞生石”，是希望和安乐之石。

目前市场上可见到的欧泊品种除天然欧泊外，还有人工合成欧泊、组合欧泊、人工处理过的欧泊和玻璃等。天然欧泊：主要鉴定特征是特殊的变彩效应，彩片是呈两头尖的纺锤形，还有明显的吸水性，用舌头舔粘舌。人工合成欧泊：最重要的特征是彩片内部具六边形蜂窝状或蛇皮状构造，彩片呈三角形。长波紫外线照射下不发荧光。组合欧泊：有二层石、三层石两种。二层石顶面用质量好的欧泊，三层石中间用天然欧泊，其他层用黑色玛瑙、劣质欧泊、无色石英和玻璃等用胶粘住。鉴别组合欧泊时注意以下特征：接合面光泽变化、胶合面内气泡、粘胶硬度较低。

人工处理过的欧泊：用顶光源或 10 倍放大镜观察，用糖处理过的欧泊出现似尘埃的黑斑充填于彩片之间，用烟处理过的欧泊其黑色仅限于表面而不能渗透到内部。玻璃欧泊：折光率为 1.49～1.52，密度为 2.4～2.5 g/cm^3，无孔隙不吸水，放大镜下呈六边形蜂窝状结构，据此与天然欧泊区别。注油欧泊、注塑欧泊和塑料欧泊经过仔细观察、认真鉴别均可与天然欧泊区分开。

欧泊的评价与选购。按其底色欧泊可分为黑欧泊（Black Opal）、白欧泊（White Opal）、火欧泊（Fire Opal）三种。黑欧泊：是指黑色、深绿色、深蓝色、深灰色和褐色基底色，具有强烈变彩的欧泊，其中以黑色基底为最好，价值也最为昂贵。白欧泊：在白色或浅灰色基底上出现变彩的欧泊，以体色透明、变彩强烈者为佳。火欧泊：无变彩或仅有少量变彩的红色或橙红色欧泊，价值相对较低。

欧泊的经济评价从底色、变彩和坚固性三方面考虑，兼顾切工及粒度。以底色、彩片对比亮度强、变彩均匀、色美，特别是红色和紫色成分多、亮度强，致密无损者为佳品，其中以黑色、彩片斑斓的欧泊价值最高。

选购时注意仔细鉴别出欧泊的种类。欧泊韧性差、易碎，佩戴时要注意保管好，避免阳光照射和与其他宝石碰撞。

欧泊的成因类型有古风化壳型和火山热液型两种矿床。世界上欧泊主要生产国是澳大利亚、墨西哥、美国。世界欧泊总产量的95%以上产于澳大利亚，主要产地有新南威尔士的闪电岭（产黑欧泊）和白崖（产白欧泊）。欧泊已成为澳大利亚“国石”，也称为“澳宝”。

第五章　玉石鉴赏

第一节　关于玉石的概念

玉石包括的范围很广，如翡翠、软玉、青金石、芙蓉石、孔雀石、玛瑙、独山玉、绿松石、蛇纹石等等，它们都是由矿物集合体或多晶质集合体组成的。中国人对于玉石的称呼繁多，很不规范。玉是玉石的简称，包括范围很广，如软玉、翡翠、岫玉、南阳玉、黄龙玉等等，甚至还包括一些彩石如青田玉、寿山玉；而狭义的玉专指软玉和硬玉。软玉也就是和田玉，硬玉就是翡翠。还有一种观点认为，玉就是指和田玉；玉料是指可以雕琢成玉器和工艺品的天然石料；玉器是指用玉料雕琢而成的各种器物，多为工艺美术品。虽然玉石的叫法各异，涵盖范围各不相同，但是，大家都公认“玉乃石之美也”。玉石具有温润半透明的质感，摩氏硬度为 4.5～6.5，超过 6.5 属于宝石，低于 4.5 者不可能成为高档玉石。玉石有各种颜色，一块玉料既可以只具有一种颜色，也可以具有多种颜色，一般密度不大，介于 2.5～3 g/cm^3。

第二节　玉石评价

玉石种类很多，从色彩上可以分为白玉、碧玉、青玉、墨玉、黄玉、黄岫玉、绿玉、京白玉等；从地域上可以分为新疆玉、河南玉、岫岩玉（又名新山玉）、澳洲玉、独山玉、南方玉、蓝田玉等，而其中新疆和田玉知名度最高；如果从考古学角度，按照出土地域和文化可以分为红山文化玉器、良渚文化玉器等。玉石评价与狭义的宝石评价有所不同，玉石评价主要从自然属性和历史文化属性两个方面进行。

一、玉石自然属性评价

（一）颜色

玉石可以有多种多样的颜色，主要体现在一块玉石既可以是单一颜色，也可以有多种颜色。由于玉石多数是由两种以上矿物集合体组成，不同的矿物成分，颜色上就必然有所差异。也就是说，就其本性而言，一块玉石具有多种颜色不稀罕，如果是单一色且色调均匀就非常罕见，甚至比宝石的单一色还难得。这就是高绿翡翠属于珍品的原因。另外，从颜色种类来看，以绿色和白色为最佳，红色、黄色、蓝色次之。绿色以翡翠为代表，白色以软玉为代表。

（二）质地

质地是玉石重要的品性之一，也可以称为均一性。相当于岩石学中的微观特征——岩石结构，即组成玉石的矿物晶体颗粒的大小、形状以及颗粒间的排列方式。质地细腻首先是指矿物颗粒很小，属于隐晶质，肉眼观察，很难看到矿物颗粒的界线；其次，晶体颗粒大小基本一致，不出现颗粒大的斑晶，岩石学叫作隐晶质细粒等粒结构。例如，以软玉中的羊脂白玉为例，结构为隐晶质纤维状交织等粒结构，质地细腻无瑕如同羊脂一样。反之，玉石中颗粒粗大的矿物，颗粒大小又不一样，可谓质地差或均一性差。

（三）韧性

韧性也是玉石的重要品性之一，有别于狭义的宝石。绝大多数宝石由于解理、裂理的存在而脆性强、韧性差；玉石的韧性原理与宝石有所不同。我们知道，玉石是由多晶质矿物组成，这些多晶质矿物间的黏结力不受矿物内部化学键的约束，而受矿物结构的影响，或者说受矿物自身的形态和排列方式的影响。还是以软玉为例，组成软玉的矿物多呈纤维状，彼此相互交织在一起就有很强的抗拉伸、抗压入、抗分裂的能力。如同塑料纤维做的编织袋很难破碎；所以说，韧性越强，玉石的质量就越好；韧性差的玉石就容易出现绺裂。

（四）硬度

和狭义的宝石相比，玉石硬度偏低，一般在4～6.5，原理还是和玉石多晶质的属性有关。多晶质矿物间总会有微小的物理裂隙，自然就影响到玉石的硬度。例如，紫晶的硬度是7，同样是和紫晶矿物成分一样的玛瑙，硬度就小于7。所以说，从耐久的角度讲，玉石的硬度属性不如狭义的宝石。但是，就评价玉石的硬度而言，硬度越高，玉石的品质越好。

（五）透明度

透明度是针对宝石透光程度的一种界定。在玉石界，一般都说“水头”或“种”，意思和透明度相近。水头越高，质量也越好。作为由同种或不同种细小晶体组成的玉石，内部的成分、结构、颜色都会有所差异，导致玉石本质上透明度比不上宝石，绝大多数的玉石天然属性是半透明。如果玉石是完全透明，就属于佳品中的佳品。例如，翡翠的玻璃种完全透明，其属性就非常罕见。市场上未经处理的玻璃种翡翠已经越来越少了，即使不是高绿，也很珍贵，值得珍藏。

（六）俏色

多晶质的特征决定了玉石较单晶质的宝石在一块料石上有多种颜色的可能，如果一块玉料的颜色被运用得非常巧妙，利用玉的天然色泽进行雕刻已达到某种寓意，这样的玉器就叫作“俏色”，它更多的是针对玉石工艺品，最有名的就是现藏于台北故宫博物院的“翠玉白菜”。

（七）块度

玉石的块度是指玉石的重量。我们知道，玉石除作为手饰装饰用之外，还可以作为玉雕工艺品。从自然界产出量的角度分析，多晶质集合体出现的概率远大于单个显晶质晶体出现的概率，所以，玉石块度或重量评价的基本单位是按千克计算。

二、历史文化属性评价

玉石的质量好坏与某一区域的历史文化有着千丝万缕的关系，很难像宝石那样有确切的量化评价标准，再加上玉石品种众多，文化寓意内涵丰富，所以，现阶段玉石历史文化评价标准尺度不一，缺少相对一致的评价标准。有人更愿意将玉石的自然属性和某一国家、地区或民族的品性联系在一起。例如，中国人喜爱半透明的羊脂白玉，其韧性强的自然属性和华人不屈不挠的民族精神相联系。又如，玉石温润柔美，和中国人柔和善良的性格无不相关。从历史角度讲，玉石或古玉的价值主导因素不在于玉质，主要在其时代特征、雕琢工艺、完美程度和稀罕程度。例如，红山文化出土的“玉龙”是由岫玉雕琢而成，造型简约明快，是最早出土的龙，有图腾的象征，其价值就非同一般。

第三节　玉石文化源流

中国文化意义上的玉，内涵丰富。汉许慎在《说文解字》中说，玉，石之美兼五德者。所谓五德，即指玉的五个特性。凡具坚韧的质地，晶润的光泽，绚丽的色彩，致密而透明的组织，舒扬致远的声音的美石，都被认为是玉。按此标准，古人心目中的玉，不仅包括软玉，还包括蛇纹石、绿松石、孔雀石、玛瑙、水晶、琥珀、红绿宝石等，因此，在鉴赏古玉时，我们不能只用现代科学知识来甄别优劣，还必须要有历史眼光。

中国是世界上主要产玉国，不仅开采历史悠久，而且分布地域极广，蕴量丰富。据《山海经》记载，中国产玉的地点有两百余处。经过数千年的开采利用，有的玉矿已枯竭，但一些著名玉矿至今仍在大量开采，为中国玉雕艺术的向前发展，提供源源不尽的原料。中国最著名的产玉地是新疆和田。

和田玉蕴量最富，色泽最艳，品质最优，价格最昂，是中国古代玉器原料的重要来源，历代皇室都爱用和田玉碾器。除和田玉外，甘肃的酒泉玉、陕西的蓝田玉、河南的独山玉和密州玉、辽宁的岫岩玉等，也是中国玉器的常用原料。

中国有句至理名言，叫“他山之石，可以攻玉”，道出了琢玉的真谛。事实上，巧夺天工的玉器，不是雕刻出来的，而是利用硬度高于玉的金刚砂、石英、柘榴石等“解玉砂”，辅以水来研磨玉石，琢制成所设计的成品。所以，用行话来说，制玉不叫雕玉，而称琢玉、碾玉、碾琢玉。琢玉的技巧是高超的，而治玉工具却是简陋的。

中国玉器源远流长，已有 7 000 年的辉煌历史。7 000 年前南方河姆渡文化的先民们，在选石制器过程中，有意识地把拣到的美石制成装饰品，打扮自己，美化生活，揭开了中国玉文化的序幕。在距今四五千年前的新石器时代中晚期，辽河流域、黄河上下、长江南北，中国玉文化的曙光到处闪耀。当时琢玉已从制石行业分离出来，成为独立的手工业部门。以太湖流域良渚文化、辽河流域红山文化的出土玉器，最为引人注目。

良渚文化玉器种类较多，典型器有玉琮、玉璧、玉钺、三叉形玉器及成串玉项饰等。良渚玉器以体大自居，显得深沉严谨，对称均衡得到了充分的应用，尤以浅浮雕的装饰手法见长，特别是线刻技艺达到了后世几乎望尘莫及的地步。最能反映良渚琢玉水平的是型式多样、数量众多，又给人一种高深莫测的感觉的玉琮和兽面羽人纹的刻画。

与良渚玉器相比，红山文化少见呆板的方形玉器，而以动物形玉器和圆形玉器为特色。典型器有玉龙、玉兽形饰、玉箍形器等。红山文化琢玉技艺最大的特点是，玉匠能巧妙地运用玉材，把握住物体的造型特点，寥寥数刀，把器物的形象刻画得栩栩如生，十分传神。“神似”是红山古玉最大的特色。红山古玉，不以大取胜，而以精巧见长。

从良渚、红山古玉多出自大中型墓葬分析，新石器时代玉器除祭天祀地，陪葬殓尸等几种用途外，还有辟邪，象征着权力、财富、贵贱等。中国玉器一开始就带有神秘的色彩。

夏代玉器的风格，应是良渚文化、龙山文化、红山文化玉器向殷商玉器的过渡形态，这可从河南偃师二里头遗址出土的玉器窥其一斑。二里头出土的七孔玉刀，造型源自新石器时代晚期的多孔石刀，而刻纹又带有商代玉器双线勾勒的滥觞，应是夏代玉器。

商代是我国第一个有书写文字的奴隶制国家。商代文明不仅以庄重的青铜器闻名，也以众多的玉器著称。商代早期玉器发现不多，琢制也较粗糙。商代晚期玉器以安阳殷墟妇好墓出土的玉器为代表，共出土玉器 755 件，按用途可分为礼器、仪仗、工具、生活用具、装饰品和杂器六大类。商代玉匠开始使用和田玉，并且数量较多，已出现了我国最早的俏色玉器——玉鳖。

西周玉器在继承殷商玉器双线勾勒技艺的同时，独创一面坡粗线或细阴线镂刻的琢玉技艺，这在鸟形玉刀和兽面纹玉饰上大放异彩。但从总体来看，西周玉器没有商代玉器活泼多样，而显得有点呆板，过于规矩。这与西周严格的宗法、礼俗制度也不无关系。

春秋战国时期，政治上诸侯争霸，学术上百家争鸣，文化艺术上百花齐放，玉雕艺术光辉灿烂，它可与当时地中海流域的古希腊、古罗马石雕艺术相媲美。

东周王室和各路诸侯，为了各自的利益，都把玉当作君子的化身。佩挂玉饰，以标榜自己是有“德”的仁人君子。“君子无故，玉不去身。”每一位士大夫，从头到脚，都有一系列的玉佩饰，尤其腰下的玉佩系列更加复杂化。所以当时佩玉特别发达。能体现时代精神的是大量龙、凤、虎形玉佩，造型呈富有动态美的“S”形，具有浓厚的中国气派和民族特色。

湖北曾侯乙墓出土的多节玉佩，河南辉县固围村出土的大玉璜佩，都用若干节玉片组成一完整玉佩，是战国玉佩中工艺难度最大的。玉带钩和玉剑饰（玉具剑）是这时新出现的玉器。

春秋战国时期，和田玉大量输入中原，用和田玉来体现礼学思想。为适应统治者喜爱和田玉的心理，便以儒家的仁、智、义、礼、乐、忠、信、天、地、德等传统观念，比附在和田玉物理化学性能上的各种特点，随之“君子比德于玉”，玉有五德、九德、十一德等学说应运而生。

秦代虽有被誉为世界第八奇观的兵马俑，但出土的秦玉寥寥可数。秦玉艺术面貌还有赖于地下考古的新发现。汉代玉器继承战国玉雕的精华，继续有所发展，并奠定了中国玉文化的基本格局。汉代玉器可分为礼玉、葬玉、饰玉、陈设玉四大类，最能体现汉代玉器特色和雕琢工艺水平的，是葬玉和陈设玉。

在中国玉器工艺史上，长达三个半世纪的三国魏晋南北朝时期是高度发达的汉唐玉雕间的一个低潮，出土的玉器极少，而且都具汉代遗韵，有所创新者，唯有玉杯和玉盏。这与当时风靡一时的佛教美术和陵墓石刻艺术极不相称。

唐代玉器数量虽然不多，但所见玉器件件都是珍品，雕琢工艺极佳。唐代玉匠从绘画、雕塑及西域艺术中汲取艺术营养，琢磨出具有盛唐风格的玉器。八瓣花纹玉杯、兽首形玛瑙杯，既是唐代玉雕艺术的真实写照，又是中西文化交流的实物见证。

公元 960—1234 年的 275 年间，是中国历史上宋、辽、金的对峙分裂时期。宋代承五代大乱之余，虽不是一个强盛的王朝，在中国文化史上却是一个重要时期。宋、辽、金既互相挞伐又互通贸易，经济、文化交往十分密切，玉器艺术共同繁荣。宋徽宗赵佶的嗜玉成瘾，金石学的兴起，工笔绘画的发展，城市经济的繁荣，写实主义和世俗化的倾向，都直接或间接地促进了宋、辽、金玉器的空前发展。

宋、辽、金玉器实用装饰玉占重要地位，“礼”性大减，“玩”味大增，玉器更接近现实生活。南宋的玉荷叶杯，北宋的花形镂雕玉佩，女真、契丹的“春水玉”“秋山玉”，是代表这一时期琢玉水平的佳作。

元代玉器承延宋、金时期的艺术风格，采取起突手法，其典型器物是渎山大玉海，随形施艺，海神兽畅游于惊涛骇浪之中，颇具元人雄健豪迈之气魄。明清时期是中国玉器的鼎盛时期，其玉质之美、琢工之精、器形之丰、作品之多、使用之广，都是前所未有的。明末开始，翡翠成为重要的玉料，将中国玉器推向了一个新的高度。明清皇室都爱玉成风，乾隆皇帝更是不遗余力地加以提倡，并试图从理论上为他爱玉如命寻找依据。

定陵出土的明代玉碗、清代的菊瓣形玉盘、桐荫仕女图玉雕，都是皇室用玉。其间民间玉肆十分兴隆，苏州专诸巷是明代的琢玉中心，“良玉虽集京师，工巧则推苏郡”。

明清玉器千姿百态，茶酒具盛行，仿古玉器层出不穷。炉、薰、瓶、鼎、簋仿古玉器，器型仿三代青铜彝器，而其纹饰则反映了玉匠的见解，工艺更是典型的明清时作。玉器与社会文化生活关系日臻密切，文人在书斋作画、书写，往往也用玉作洗、注、笔筒、墨床、镇纸、臂搁等文具，或以玉作陈设装饰。

玉山子是清代新式玉器，大禹治水图是我国现存最大的玉山子。清代兼蓄西域痕都斯坦玉器的琢玉成就，琢制了一批胎薄如纸、轻巧隽秀的“番作”玉器。明清玉器借鉴绘画、雕刻、工艺的表现手法，汲取传统的阳线、阴线、平凸、隐起、起突、镂空、立体、俏色、烧古等多种琢玉工艺，融会贯通，综合应用，使其作品达到了炉火纯青的艺术境界。

中国玉器经过 7 000 年的持续发展，经过无数能工巧匠的精雕细琢，经过历代统治者和鉴赏家的使用赏玩，经过礼学家的诠释美化，最后成为一种具有超自然力的物品，无所不能，无处不用玉，玉成了人生不可缺少的精神寄托。在中国古代艺术宝库中，自新石器时代绵延 7 000 年经久不衰者，是玉器；与人们生活关系最密切者，也是玉器。

玉已深深地融合在中国传统文化与礼俗之中，充当着特殊的角色，发挥着其他工艺美术品不能替代的作用，并打上了政治的、宗教的、道德的、价值的烙印，蒙上了一层使人难以揭开的神秘面纱。

第四节　玉石各论

一、绿松石（Turquoise）

绿松石俗称土耳其玉，其实与土耳其没关系。绿松石属优质玉材，我国清代称之为天国宝石，视为吉祥幸福的圣物，只有皇帝和太后的官帽才能用绿松石镶顶子。

河南郑州大河村仰韶文化（距今 6 500～4 400 年）遗址中出土了两件绿松石制成的

28 cm 长的鱼形饰物。中国藏族同胞认为绿松石是神的化身，是权力和地位的象征，是最为流行的神圣装饰物，被用于第一个藏王的王冠，当作神坛供品。绿松石是国内外公认的“十二月诞生石”，代表胜利与成功，有“成功之石”的美誉。

宝石级绿松石的主要产地有伊朗、智利、美国和中国。伊朗尼沙普尔地方特产的“波斯绿松石”，价格昂贵。古时经土耳其运往欧洲，因而绿松石的商品名称为土耳其玉。中国的绿松石来自湖北陨县、竹山、陕西白河及安徽马鞍山。

湖北绿松石质地优良，色调纯正、匀净，可与“波斯绿松石”媲美，被誉为“东方绿宝石”。

物理性质：化学分子式为 $CuAl_6(PO_4)_4(OH)_8 \cdot 5H_2O$，属三斜晶系。通常呈块状致密的隐晶质集合体，有时呈皮壳状、结核状，单个晶体极为罕见。质地十分细腻，韧性相对较差。颜色：浅至中等蓝色、绿蓝色至绿色，常有斑点、网脉或暗色矿物杂质（彩图 57）。蜡状光泽，硬度为 5～6，密度为 2.76 g/cm^3，非均质集合体，无多色性。折射率点测法通常为 1.61。有长波紫外荧光无至弱，绿黄色，无短波。吸收光谱偶见 420 nm、432 nm、460 nm 中至弱吸收带。

目前，市场上 70%为仿品，多为人工合成或树脂产品，特征是形状规则、质地光滑、颜色艳丽。

鉴别：绿松石表面注腊或注入塑料会改善外观、颜色。有不规则的黑色天然纹理（俗称铁线）构成诱人的蜘蛛网状花纹，自然谐调。优质绿松石的抛光面上好似上了彩的瓷器。绿松石的质量好坏、硬度大小与含水量密切相关。硬度大的叫作“瓷松”，再配以鲜艳的蓝色则属高档品；硬度小的叫作“面松”，属低档品。

评价与选购：依据是颜色、质地和块度。其品种按颜色分为蓝色绿松石、浅蓝色绿松石、蓝绿色绿松石、绿色绿松石。其中以蓝色、深蓝色不透明或微透明，表面玻璃感，颜色均一，光泽柔和，无褐色铁线者质量最好。绿松石以天蓝色的瓷松，尤如上釉的瓷器为最优。如有不规则的铁线，则品质较差。白色绿松石的价值较蓝、绿色的要低。在块体中有铁质“黑线”的称为“铁线绿松石”。

绿松石按质地划分为透明绿松石、块状绿松石、蓝缟绿松石、铁线绿松石、磁松石、斑点松石。透明绿松石极为罕见，价值很高。国际宝石界将绿松石分为四个品级：一级品（波斯级）、二级品（美洲级）、三级品（埃及级）、四级品（阿富汗级）。一级品为质量最优的绿松石。

绿松石的保养：佩戴绿松石首饰时，最好和化妆品、香水等物品保持距离，以免损坏宝石首饰。因绿松石多孔隙，注意鉴别时避免用重液测密度，因为三溴甲烷、二碘甲烷会使绿松石变色。绿松石颜色娇嫩，怕污染，应避免与茶水、肥皂水、油污、铁锈和酒精等接触，以防顺孔隙渗入宝石变色。绿松石怕高温，不能直接火烤和阳光直射，以免褪色、炸裂、干裂。绿松石硬度小、性脆，戒与其他硬物磕碰，佩戴时也应注意。

二、青金石（Lapis Lazuli）

青金石早在 6 000 年前即被中亚国家开发使用。我国则始于西汉时期，当时的名称是“兰赤”“金螭”“点黛”等。自明清以来，青金石“色相如天”，天为上，因此明清帝王钟情青金石。现在保存在故宫博物院的两万余件清宫藏玉中，青金石雕刻品不及百件。

青金石玉料是由青金石矿物组成的，属架状结构硅酸盐中的方钠石族矿物，化学分子式为$(Na, Ca)_{4\sim8}(AlSiO_4)_6(SO_4, S, Cl)_{1\sim2}$。属等轴晶系。晶体形态呈菱形十二面体，集合体呈致密块状、粒状结构。常含方解石、黄铁矿，有时出现少量透辉石等。阿富汗产的青金石玉料，其青金石矿物平均含量占 25%～40%（彩图 58）。玉质呈独特的蓝色、深蓝、淡蓝及群青色。当含较多的方解石时呈条纹状白色，含黄铁矿时就在蓝底上呈现黄色星点。不透明。玻璃至蜡状光泽。硬度为 5.5，密度为 2.7～2.9 g/cm^3。色深蓝和浓而不黑者，称为“青金”；深蓝和黄铁矿含量多于青金石矿物时，称为“金格浪”；浅蓝色和含白色方解石（一般不含黄铁矿）者，称为“催生石”。在长波紫外光照射下发橙色点光，在短波紫外线照射下发白色荧光。滤色镜下呈淡红色，遇盐酸缓慢溶解。

青金石与相似玉石的区别。与青金石容易混淆的有方钠石、蓝方石、蓝铜矿。冒充青金石的赝品和代用品有着色碧玉、着色尖晶石、着色岫玉、料仿青金、染色大理石。相似玉石特征如下：方钠石，呈粗晶质结构，颜色均一，硬度为 5.5～6，密度为 2.15～2.35 g/cm^3，折光率为 1.483～1.487，质地不如青金石均匀，有橙色和粉红色荧光。蓝铜矿，硬度小，为 3.5～4，折光率为 1.73～1.83，性脆，无大的致密块体。着色碧玉（又称瑞士青金），用玉髓等假料人工着色而成，硬度大，为 6.5～7，折光率为 1.54～1.55。着色尖晶石（又称着色青金），用钴盐人工着色而成，硬度大，为 8，折光率为 1.71～1.72。着色岫玉（又称炝色青金），浅蓝色，见不到黄铁矿，油脂光泽强，硬度为 2.5～4，折光率为 1.56～1.57。料仿青金，用玻璃仿造，由着色的深蓝色硫黄或玻璃构成，见不到黄铁矿，玻璃光泽，贝壳状断口，性脆。染色大理岩，硬度小，小刀容易刻动，遇盐酸反应明显。

青金石的评价与选购。青金石主要有四种：青金石、青金、催生石、金格浪。青金石的工艺要求以深蓝色、无裂纹、无杂质、质地细腻者为佳。青金石适合于女性佩戴，小巧玲珑的金项链或其他首饰上穿上几颗青金石，别具风采。青金石也适合男性佩戴，男式礼服上配上深颜色的青金石饰物，更增添男士风度。

佩戴时远离高温过热环境，防止失色。青金石首饰沾污之后，决不能用水浸泡和冲洗，以免表面的污垢向内部渗透。选购时与相似玉石区分开，以防上当。

青金石是古老的玉石之一。它以其鲜艳的蓝色赢得东方各国人民的喜爱。青金石是由接触交代变质作用形成，主要赋存于硅酸盐-镁质矽卡岩中和钙质矽卡岩中。青金石的主要产地有美国、阿富汗、蒙古、缅甸、智利、加拿大、巴基斯坦、印度和安哥拉等国。中国至今未发现青金石矿床。

三、蛇纹石质玉石（Serpentine Jade）

工艺名称是岫玉。从古至今，中国人民把岫玉制品作为礼器、仪仗器、佩饰、工具、生活用具等，岫玉的现代产品更是琳琅满目，应用范围相当广泛。

岫玉是中国先民开发、应用最早的一种玉料，距今已有 7 000 年的历史。浙江余杭河姆渡文化遗址中，有用岫玉制成的玉斧、玉铲和玉刀等玉器。河北满城西汉墓中出土的中山靖王刘胜和王后窦绾的两件金缕玉衣轰动全世界，分别用 2 498 块和 2 160 块玉片用金丝穿缀而成，大部分玉片是岫玉雕制的。

岫玉蛇纹石矿物含量在 85%以上，是色泽鲜艳、致密光润的微细纤维状蛇纹石矿物集合体。蛇纹石的矿物成分是层状结构的含水镁硅酸盐矿物，化学分子式为 $Mg_6[Si_4O_{10}](OH)_8$。属单斜晶系。晶体形态为隐晶细粒叶片状或纤维状集合体，单晶极为罕见。非均质体。颜色有浅绿、翠绿、黑绿、白、黄、淡黄、灰、粉红等色，最常见的颜色称“豆绿色”。蜡状光泽（彩图 59）。半透明、微透明至不透明。折光率为 1.555～1.573，硬度为 2.5～5.5，密度为 2.44～2.8 g/cm^3。韧性不如软玉好。含镍时在长波紫外线照射下有较弱的浅白色荧光，遇盐酸分解。

岫玉的产地相当广泛，为了与软玉相区别，岫玉的名称一般是地名加“岫玉”二字。狭义的岫玉专指辽宁省岫岩县产出的蛇纹石质玉石，因此岫玉又称为“岫岩玉”。广义的岫玉包括新疆产的昆仑岫玉、托里岫玉（又称为蛇绿玉）；甘肃产的酒泉岫玉；青海产的祁连岫玉（又称为酒泉玉）、都兰岫玉（又称为竹叶状玉）；台湾产的台湾岫玉；广东产的南方岫玉（又称为信宜玉）；吉林产的集安岫玉（又称为安绿石）；广西产的陆川岫玉；云南产的云南岫玉；四川产的会理岫玉；山东产的蓬莱岫玉、莒南岫玉；北京十三陵产的北京岫玉（又称为京黄玉）。色泽鲜艳、质地细腻、晶莹明亮的岫岩玉是中国最好的蛇纹石质玉。蛇纹石质玉的国外品种有朝鲜玉（又称为高丽玉），属优质蛇纹石质玉；新西兰的鲍文玉；美国的威廉玉、加里福尼亚虎睛石；墨西哥的雷科石等。

蛇纹石质玉与相似玉石的区别：与其相似的玉石有葡萄石、水钙铝榴石等。它们的区别主要从硬度、密度、折光率、放大观察等方面鉴定。葡萄石：由纤维状葡萄石集合体组成，硬度为 6～6.5，折光率为 1.63，密度为 2.88 g/cm^3，非均质体，遇盐酸起泡，放射状纤维结构。水钙铝榴石：硬度为 7，折光率为 1.72，密度为 3.15～3.55 g/cm^3，均质体，粒状结构，有较多的小黑点。

另外，蛇纹石质玉容易与翡翠、软玉混淆，但硬度小于翡翠和软玉，岫玉蜡状光泽明显，而翡翠为玻璃光泽，通过测试硬度、观察光泽很容易将三者区分开。

蛇纹石质玉的评价与选购。主要考虑颜色、透明度、质地、块度等。一是颜色越鲜艳越好，越均匀越好；二是透明度越高越好；三是质地越细腻越好；四是块度越大越好。蛇纹石质玉产地多、品种多、产量大、硬度低，是中低档玉料，远不如翡翠、软玉珍贵。其价值还应注意做工的精细程度。

蛇纹石质玉的成矿类型为岩浆成因、热液成因、接触交代成因。分别赋存于基性、超基性岩浆岩体内，热液填充的构造裂隙内和碳酸盐与侵入岩的接触变质带上。

蛇纹石质玉是常见的玉石原料，世界各地均有产出。主要产地有朝鲜、中国、美国、新西兰、印度、英国等国家。中国的蛇纹石质玉产地多、产量大、玉质较好。1959 年，辽宁省岫岩县采得一块巨大的岫岩玉，长 7.95 m，宽 6.88 m，高 4.1 m，重 267.76 t，有两间房子那么大，玉质细，通体五彩斑斓，世界罕见。

四、独山玉（Dushan Jade）

因产于中国河南南阳市郊独山而得名，又名“南阳玉”。南阳县黄山出土的新石器时期的文物证明，早在五六千年前古人就开始开发和利用独山玉。独山玉色泽鲜艳，质地细腻，透明度和光泽好，硬度高，属于中档玉料。制作的工艺品，以其丰富的色彩，优良的品质，精美的设计和加工，深受国内外欢迎。独山玉久负盛名。

独山玉是一种黝帘石化斜长岩，由多种矿物组成，属多色玉石。它的矿物成分、化学成分极为独特。主要矿物成分为白色斜长石、白色黝帘石，其次为翠绿色铬云母、浅绿透辉石、白色钠长石，还有少量角闪石、黑云母、绿帘石和一些微量矿物。独山玉多是由 2～3 种以上颜色组成的多色玉系，常见的颜色有白、绿、紫、黄、红、黑色等。独山玉的颗粒较细，粒径小于 0.05 mm，隐晶质，质地细腻，坚硬致密，玻璃或油脂光泽，透明至半透明，其中的独玉透明度高，其他玉种呈半透明至微透明。折光率为 1.56～1.70，硬度为 6.0～6.5，密度为 2.73～3.18 g/cm^3。独山玉以细粒结晶为主，可见溶蚀交代结构。

独山玉与相似玉石的区别：同一块独山玉玉料可以同时出现 2～3 种或者更多的颜色，颜色鲜艳。翠绿色的独山玉粗看像翡翠，如果仔细观察，绿独玉具有粒状结构或溶蚀交代结构，透明度好。翡翠和软玉呈纤维交织结构。独山玉的硬度远大于其他玉石，是由组成的矿物硬度大所致。

独山玉的评价与选购：根据颜色可以把独山玉分为八个类型：白独玉（包括水白玉、油白玉、干白玉等）、绿独玉（包括绿玉、绿白玉、天蓝玉、翠玉等）、紫独玉（包括紫玉、亮棕玉）、黄独玉、青独玉、黑独玉、红独玉、杂独玉。绿独玉是独山玉的优良品种。独山玉的颜色非常稳定，在自然状态下存放千年，也不褪色、变色。评价独山玉要看颜色是否均一，质地是否细腻，玉料块度大小。以似翡翠的翠绿色最佳，要求质地坚硬、致密、细腻，无裂纹，无白筋，无杂质，以近透明或半透明者为上品。独山玉的优良品种常加工成戒面、挂件、手镯等。

独山玉产于蚀变斜长岩体内，是由于基性斜长岩或辉长岩在低温下，受到沿构造裂隙上来的岩浆晚期热水溶液交代、蚀变等作用形成的。

五、软玉（Nephrite）

软玉简称“玉”。尽管世界上有许多地方出产软玉，但由于中国人在新石器时代起就利用软玉制作玉器品，奴隶社会时，软玉成为祭祀礼器、随葬品，它是等级的标志和权力的象征，封建社会时视软玉为德或财富的象征，使得软玉在中国古代文明中占有重要的位置，因而堪称中国国石。

因为中国新疆和田出产的软玉质佳量多历史悠久，国外常称软玉为“中国玉”，而中国人则常将软玉称为“和田玉”。

自新石器时代开始，我国就有了开采和应用软玉的历史。例如，在浙江余姚发现的河姆渡文化层（公元前 5000—4750 年）中便发现了玉块、玉珠、玉管等；江苏吴县良渚文化层（约公元前 3300—2250 年）中发现了玉琮、玉壁等玉器数十件，玉琮、玉壁均为软玉；河南安阳殷墟妇好墓中出土了数百件玉器，有白玉、青玉、墨玉等，种类与新疆现代开采的软玉相同。据《竹书记年》记载：周穆王“十七年西征至昆仑丘”，赞曰：“惟天下之良山，宝石之所在”；《穆天子传》又记载了采玉的方法：每当夏秋，当地老百姓结队下河捞玉，列队拉手而顺河走，脚下踏到玉石遍拾起。据考证：我国出土的古代玉器中的软玉，可能均源自新疆，至于数千年前新疆与内地民族的文化和商品交流是如何进行的，这或许是历史学家、考古学家们感兴趣的问题。

（一）软玉的特征

组成软玉的矿物为透闪石——阳起石，有时含有微量的透辉石、绿泥石、蛇纹石等，优质的和田玉则由纯透闪石构成，化学成分为 $Ca_2Mg_5[Si_4O_{11}]_2(OH)_2$。软玉的颜色由组成软玉的矿物的颜色决定，有白色、灰绿色、绿—暗绿色、黄色、黑色等。软玉的结构细腻，呈纤维状致密块状，其中的透闪石—阳起石晶体呈毡状、簇状、束状交织结构。断口呈片状。具油脂、腊状光泽。半透明。硬度为 6～6.5。密度为 2.90～3.02 g/cm^3。韧性好，折光率为 1.60～1.64。

软玉总的特征是：颜色均一，质地细腻如脂，具纤维交织结构，光泽柔和，坚韧，半透明，晶莹美丽。

软玉的分布远比翡翠广。新疆出产的和田玉仔料依产出地点不同而分为仔玉、山流水和山料。仔玉指河流中散布的卵砾状玉石，块度小而质佳（彩图 60）；山流水指产于原生矿较近的洪坡积、冰碛中的玉石，其块度大，有一定的棱角；山料指在原生矿中开采出的玉石。

由于颜色是软玉品质最重要的因素，宝石界基本上以颜色进行类别划分。新疆软玉一般划分为白玉、青白玉、青玉、黄玉、墨玉、碧玉、糖玉等。

白玉颜色以白为主，质纯而细腻，透明度高；品质上以纯白色为最佳，尤其是透明度高、色纯、光泽滋润、质地均一细腻的“羊脂玉”更为软玉中的佳品，其余的有梨花白、象牙白、鱼肚白等品种。白玉为软玉中的优质品种。

青玉和青白玉呈青白—淡青色，颜色均一，质地较细，但有时见斑晶状（即晶体比周围玉地明显大）透闪石，也呈油脂—腊状光泽，质量较为白玉为低。

碧玉呈暗绿、深绿或墨绿色，颜色和结构的均一性不如其他软玉，常见斑晶或黑色团块、斑点。碧玉中以深绿色、质细色纯而无杂质者品质较高。碧玉常用于制作器皿等工艺品。国外所产软玉多属碧玉，故常以碧玉统称之。

黄玉呈浅黄—黄色，系地表水中的氧化铁渗入白玉中而成。品种有蜜蜡黄、黄花黄等，结构和光泽与白玉相似，其中以色纯而浓的品种为佳。

墨玉呈黑、灰黑色，颜色常不均一，系石墨等碳质微粒造成，工艺价值不高，但色纯质地均一者也有其独特的美。

糖玉因其颜色为铁褐色似红糖而得名，系褐铁矿渗入白玉中造成，故往往与白玉质过渡，其中以血红色的糖玉为佳。

（二）软玉的评价

软玉的评价最重要的因素为颜色种类及颜色的均一性。在上述品种中，以白玉为上等原料，碧玉次之；黄玉质地变化较大，优质者不次于白玉，普通者则档次较低；糖玉、青玉和墨玉一般价值较低。

其次是看软玉的质地和光泽。质地细腻均一者为佳品，称为无“性”；若玉质粗糙、结构杂乱，出现斑状、云团状、菊花状结构或有杂质则质次。光泽常与玉的质地和硬度紧密相关，玉质细而硬则光泽强。软玉的光泽常为油脂状或蜡状，具柔和滋润的感觉。光泽如若发“呆”时，玉质就较次。工艺家们评价软玉的光泽时，是以玉抛光后的光洁度为准，两度高者为“硬亮”，低者称“胶亮”。当抛光面亮度高而均一时，玉的质量就高。

软玉的透明度也是质量的重要因素。鉴定时以厚 2 mm 的玉片的透光情况为准，一般软玉为半透明至不透明。业内人士将透明度高者称为“水头足”“地子灵”和“灵坑”；透明度低者称“没水”“地子死”“闷坑”。优质的羊脂玉以其质细、色美和透明度高而成为软玉中的上品。

再者，要观察软玉有无裂纹。裂纹也称“绺”，多数软玉均或多或少有裂纹的存在，要视其对整块玉的影响程度来评价：裂纹有深浅大小之分，一些极细微的裂纹仅在显微镜下方能见到，对玉质影响不大；而明显的或在裂纹中充填有其他矿物、黏土、氧化铁等微粒的裂纹的存在，则大大地降低了软玉的价值。

（三）软玉的识别

软玉的识别主要是了解其与翡翠及其他玉石、代替品的区别。

首先是翡翠。它的硬度（6.5～7）比软玉高，因而用石英碎片（硬度 7）可刻得动软玉而难以刻得动翡翠；此外，某些碧玉虽也为绿色，但不翠，鲜艳程度不高；翡翠的变斑晶交织结构与软玉的纤维状交织结构不同，也很难见到质地极细腻和颜色均一的翡翠，但其透明度则高于软玉；翡翠抛光面多呈玻璃光泽，反光较强，软玉则呈油脂—蜡状光泽，有凝重的感觉。

蛇纹石质玉石（如岫玉）的颜色或多或少有黄绿色调，光泽蜡质感很重，玉石中常有松花状斑点，特别是它的硬度远比软玉小，用小刀可轻易刻出痕来。

石英岩质玉石（如东陵石）硬度与石英同，具粒状结构和玻璃光泽，某些品种常见有鳞片状云母散布其中。

大理石制品以其相当低的硬度（3～3.5）和粒状结晶结构与软玉相区别。

青海玉最大的特点就是透，且颜色偏灰暗，大块的料中多见水线，它打磨出来后的视觉感受是水气大，而不是油性强。但好的青海料就具有和田玉的优秀特征，所以，即使你买的是青海料的制品，只要它的白度、油性、密度都够，那也值得收藏。

还有一种叫俄罗斯玉，也称为“俄料软玉”，它的各种指标与和田玉非常接近，且白度比和田玉还要略胜一筹，差的只是油性，俄料大多显得略干些，但不是绝对的。好的俄料油性、白度俱佳，也是目前玉器市场上的俏货，价格也很高。

汉白玉和阿富汗玉都是白色大理石，因其从汉代开始利用，白度高，似玉而非玉，故得名“汉白玉”。汉白玉经矿山开采、切片，磨光之后用作建筑材料和雕件材料。产于阿富汗的大理岩便是阿富汗玉，两者鉴定特征相似，矿物成分都是方解石。只是阿富汗玉有时看起来更细腻，层状结构更明显，常雕成玉白菜。

软玉主要产在受变质的蛇纹岩中。以新疆和田玉为例，软玉赋存在前寒武纪镁质大理岩与海西期花岗岩的接触带上，主要属于接触变质矿床。

六、翡翠（Jadeite）

翡，赤羽雀也；翠，青羽雀也，这是东汉年间许慎《说文解字》对翡翠两字的解释。后来，古人将这两个原本形容鸟羽毛的字转用到描写红色和绿色的饰物。大概到了宋代，两字合并，用来描写碧绿色的碧玉（非指矿物学中的碧玉 SiO_2）。据考证，明末翡翠传入中国，“翡翠”两个字所说的玉，是硬玉的集合体，成分为钠铝的硅酸盐 $Na(Al, Fe)[Si_2O_6]$，因主要产于缅甸，故又俗称为缅甸玉。

慈禧太后殉葬的珠宝中就有很多翡翠饰品，如翡翠西瓜、翡翠荷叶、翡翠白菜、玉佛等。今天这些都已成为无价之宝。所以有“黄金有价玉无价”之说。

（一）翡翠的种类

经常接触翡翠的人，大多听过翡翠有新种、老种的说法。

何谓老种、老坑种、老山玉或仔料、新种、新坑种、新山玉、山料呢？

原来，翡翠本来是由硬玉等矿物组成的岩石。这种岩石形成之后经过千万年的变化，一部分受地质风化破碎作用，被搬运到了河沟、水田，成了有“皮”包裹的卵石，这就是所谓的仔料、老山玉。这种翡翠大部分透明度较高，质地细腻坚韧，色泽柔和，水头足，因而行内一般称它们“年龄成熟”了，并称之为“老种”或“老坑种”（彩图 61）。

而那些岿然不动仍留在原来山上，后被开采出来的原料翡翠，没有皮壳，被称为山料、新山玉。这种玉一般结构较粗，透明度差，因而被认为还不够“成熟”“未长成”，谓之新种、新坑玉等。透明度和质地介于新种与老种之间，不能明确归入这两类的翡翠则称为新老种。但现在对成品的评估中，“种”的概念实质上已成为翡翠质量的一种综合指示。一般质地细腻色浓而透明者（水好）为老种，反之则为新种。

从科学的角度来看，无论是老种还是新种，它们都是变质交代蚀变形成的岩石，其主要矿物成分是硬玉（辉石中的一种），同时含有 1%～52%的辉石族其他成员（如透辉石、钙铁辉石等）和其他矿物（如钠长石、尖晶石等），它们形成的真正的地质年代并不一定是“老种”比“新种”老，只是由于它们的矿物组成、结构不同、经历的地质过程不同。

如老坑种受流水冲刷，一些质地疏松的早就被冲刷成泥，剩下的深埋地下与水等发生长期的低温交代作用，外部氧化形成一层“皮壳”而部分翡翠的内部质量也因化学成分的“交换”而得到优化，因而质量较“新种”好。

（二）翡翠的行话

厂口：是玉石行的一句行话，即指某类玉石产出的地区。由于不同产地出产的翡翠其皮壳壳质、玉质等皆有不同，为了便于了解记住这种不同的特征，便用不同的厂口来标记。坑口与厂口的意义相近，但地方更为具体。

缅甸的翡翠产地主要分布在缅甸北部的乌龙河流域，亲敦江支流，克钦邦西部与塞盖一带，呈北东—南西向延伸，长约 250 km、宽约 15 km 的区域。翡翠矿呈带状分布，不同地段开采出不同质量的玉石，便形成不同的厂口、坑口。

历史上缅甸最著名的厂口有四个：度冒、潘冒、缅冒和南奈冒。很多翠绿晶莹的旧款翡翠首饰多产于上面四个地区。但经过几百年的开采，上述很多旧坑已近采空，现在很难见到这些老坑口的玉。当今较出名的坑口有帕敢、麻猛弯、带卡、南琪、打木坎、莫鲁及后江，等等。这些名称都是缅语地名的译音。不同坑口出的玉，大小不同，皮壳不一，质量也有差异。

翡翠的特征如下：

紫：紫色的翡翠，也称为紫翠、紫罗兰；有的叫藕和春。

翠：各种带绿的，有的叫绿或高绿高翠。

黑：翡翠中的缺陷，有时叫脏或黑带子。

绺：指裂。也是翡翠中的缺陷。

地子：也叫底子，指除翠以外的底色。可分为玻璃地（种）、蛋青地、油青地、干地、狗屎地子。

翠性：翡翠特有的标志。是细小的晶粒或小晶体呈纤维状、片状或星点状闪光。俗称“苍蝇翅”。

水头：指透明度。

花：颜色的不均匀。

质地：除颜色以外的其他性质。是底子和透明度等因素的综合。

（三）“赌”石

过去，翡翠原石的买卖是珠宝界最神秘的一种交易，核心就在这“赌”字上，因而买主又有赌玉、赌石的说法。

很多“老坑种”表面往往有一层皮壳，由于氧化作用，皮壳已成褐红、褐黑或其他各种杂色，一般仅从外表，并不能一眼看出其内部的质量。即使到了科学发达的今天，也没有一种仪器能通过这层外壳很快判出其内是“宝玉”还是“败絮”。

赌玉者必须从包有皮壳的原石（有时也在皮上开一“窗口”，指擦掉小块皮壳露出玉质），来判断这块玉的价值。这种买卖的过程就是买家与卖家对一块有皮玉石眼光较量的过程。由于这种判断是建立在经验基础上的，同时玉石形成的地质环境很复杂，条件不同，形成的皮壳也不同，厂口不同情况也会有变化，因而买卖风险很大，也很“刺激”，故称“赌石”。赌赢了利润很大，所以这种买卖从古到今历久不衰。

玉石商人赌石后，当真正切开加工时，一般不敢亲自在场，而是在附近烧香、求神保佑。如果切开的赌石内有许多水灵剔透的翠绿，一夜之间便可成为富翁；如果切开赌石后是外绿内白，一夜之间就会倾家荡产。

（四）翡翠评色关键——浓、正、阳、和

翡翠的颜色是翡翠质量最重要的指示，可在估价中占 30%～70%的份额。从浓绿—白

色，其间色彩变化万千。为评估表征这些颜色，我国的玉石艺人用了很多的象征色彩的词来形容，其名称之多可达几十种，不同地区叫法不一。但这些留存下来的称谓并没有严格的科学界限，同一地域不同地方对同一种绿的叫法也可能不同。但无论名称如何，描述翡翠颜色价值的最重要的就是四个字——“浓、正、阳、和”。

浓：指翡翠的色要绿浓、绿色要多，玉中翠绿越多越浓，则价值越高。但太深暗也会太沉，因而还要求色正。

正：翡翠的翠绿要纯正，不偏蓝、不发黄、少杂色，也就是所谓的不“邪”。

阳：指绿色要鲜艳，在一般光线下呈现艳绿色，不阴暗，不低沉（彩图 62）。

和：指一块玉中绿色的分布应均匀，色调和谐而不杂乱。

但还必须注意的是，看翡翠一般最好在早上有阳光时；阴天或晚上灯下看玉，有些色种的玉颜色会有很大的变化，从而影响正确的评估；若用灯光观察，应将光源放在观察者的前上方，而不能用透射光进行观察。只有这样才能真正评估出翠色好坏。

（五）地张、水头、完美性

翡翠的评估，除了看色以外，还要看其地张、水头和完美性。

地张：是指翡翠的质地，特别是指翠色以外的部分。翡翠是纤维状的辉石矿物集合体，矿物纤细粗细大小都会影响其质地。一般纤维越细，则结构越致密，质地就细腻或地张好。

水头：指玉的透明度。透明度高则晶莹柔润，或称有水，水头好。但应该了解的是，地张和水头往往相互关联，一般地张好，水头就足；反之，结构粗糙，水差。

关于地张，翡翠行内也有很多说法。以长江流域为例，就有玻璃地、虾仁地、藕粉地、水地、豆地、酱瓜地、灰地、猫屎地、湖绿地、石灰地、绿白地、死地等。地也可称为“种”，如“玻璃种”“冰种”等。值得注意的是，这些名称只是一些习惯叫法，没有严格的科学界限，而且部分名称除有地张、水头的综合含义外，还有色的含义。如藕粉地往往就指一种一半透明、粉紫色的翡翠，其质地较细腻。

完美性：包含了翡翠的瑕疵、绺多少及做工好坏等内容，如翡翠石花棉絮多、杂色多，有裂绺，则完美性差。

翡翠的做工有时也可理解成形制，它包括玉饰雕件的比例好坏、抛光粗细等。该薄的不能厚，该厚的不能薄，饰品看上去饱满有形，则称形制好；如果抛光也精细，整件玉比例协调、美观，则可称完美性好。

翠色好、地张好、水头足而又完美的玉件则为玉之上品。这种翡翠又称为帝王翡翠。一般而言，评估时应以色为主，地、水为次，再兼顾完美。当然，对玉石目前尚未能有一个很严格和数字化的评估标准，有时还要靠个人的眼光和爱好，这就是所谓“宝石有价玉无价”“心上玉”的来由。

（六）翡翠的性质

从清代起，翡翠成了中国人钟爱的高档玉种，也是从清代起各种翡翠的赝品，以及炝色、染色、焗色等以劣充好的翡翠就已开始在市场上出现。

因而，“玉石无行家”这句话除说明翡翠品种的复杂多样外，更道出了各种作伪手法的高明和变化多端，特别是现代科学的发达更使一些赝品达到以假乱真的地步，即使是行家有时也会有“走眼”的时候。

物理光学性质：矿物学名称为硬玉。属于辉石族（钠铬辉石、绿辉石、硬玉），颜色多色。粒状到纤维状集合体，致密块状。单斜晶系。二轴晶。硬度为 6.5～7（高于软玉）。韧性强（不如软玉）；有解理但看不到。密度为 3.25～3.36 g/cm^3，折射率为 1.66，玻璃光泽。

（七）翡翠的辨别

说到造假，首先是原石造假。因原料往往是赌货买卖，刺激、风险大，而且原石有皮壳，因而造假的方法常常隐蔽难辨，归纳起来有如下几种：

（1）造皮。翡翠的赌石往往是从皮窗看质地的，一些不法之徒就利用这一特点，将一些翡翠料磨成砂粉，混合在特制的“胶”中，胶合到一些质地较粗糙，甚至是被切开过证明是低档石的玉石上去，重新伪装成天然的仔料“黑乌沙”“黄盐沙”等，牟取暴利。

（2）染色和注色。染色和注色的方法多种多样。其一是将整块原料进行化学处理，染入绿色染料，使其皮色变绿，以提高玉石档次。有的石头染过后还经局部褪色处理，以造成颜色不均一或并不是特别的好的表象，但实际上这样也已把档次提高许多。其二是在一些水头较好但色较差的玉石中斜打孔注入绿色染料，然后封口，并在上面开“天门子”（窗口），让买家从窗口见到该翡翠内部很绿，潜在价值大，从而提高卖价。

（3）移花接木。手法一是将一些高档翡翠料切开后，取出精华，然后填入低劣碎料，再重新胶合，并植上假皮。手法二是将一些劣质料从中间或任意位置切开，放入或夹上小块绿色翡翠或绿色玻璃，然后再重新胶合。并植上假皮，再在其附近开窗口，以造成该料有高色的假象。

（4）以假充真。利用其他低档玉如马来玉、独山玉、青海玉甚至大理岩等进行表面处理，然后充作特级翡翠料。

（八）翡翠饰品的鉴定

A 货是指未经过任何强酸碱等处理，天然颜色，自然质地的翡翠玉。但不一定都值钱。

B 货是指经过强酸等物质处理，其中的一些杂质如铁质等被去除或价态转换，因而使翡翠的翠色显得更清纯翠艳的翡翠玉。同时，因处理后的入胶，使得地张更为通透水灵。

但 B 货往往在佩戴一段时间后，颜色会发黄或出现原来的一些杂色。

C 货是指用化学方法将一些原来无色或浅色的翡翠染成深翠绿色，染入的颜色经过一段时间后会自然褪去，因而这是一种完全欺骗性的劣质翡翠。

除 B 货和 C 货外，要和 A 货翡翠相区别的还有一些其他玉石赝品，如马来玉、非洲玉、澳洲玉等，以及一些夹层衬膜饰品。

1. A 货翡翠的特征

（1）颜色质感丰富，光泽强。从深绿—白色或浅紫色，除一种颜色外，饰件大多可有一些其他的“杂色”色感，如绿中见黄、见褐。颜色分布是斑片状（极高档的冰种除外），一般不规则。

（2）结构呈纤细变斑状，大多可见蝇翅状晶体闪光；在抛光较好的情况下，表面抛光有桔皮效应，一般不会有密集错乱的纹理。

（3）点测法折光率在 1.65～1.66。

（4）在二碘甲烷比重液（3.32 g/cm^3）中缓慢下沉，翡翠密度为 3.33 g/cm^3，一般不低于 3.30 g/cm^3。

（5）大件的饰件如手镯等，相互轻轻碰击，声音清脆有力，不沉哑。

（6）放在紫外荧光灯下，一般不会有荧光。

（7）翠绿色的品种吸收光谱有铬元素和铁元素的吸收线，谱线清晰不模糊。

（8）红外光谱谱线中不会出现有机物的吸收（2 900～3 000 cm^{-1}）附近。

2. B 货翡翠的识别

（1）看色。B 货翡翠的颜色大多质感单一。

许多原有的杂色在处理过程中被去除，使翡翠原有的绿色得到“净化”。这一特征在一批翡翠中尤为明显，天然 A 货翡翠即使是同一块料上加工出来，也会有质感上的差异，而 B 货翡翠给人的感觉均是“似曾相识”。

在一些入胶较多的 B 货中，颜色往往有扩散的感觉，除绿色的根源外，地张部分似乎也都有一种淡淡的绿色。这种类型的 B 货有时是双重处理（B 货+C 货）的结果。

（2）看地。B 货翡翠的地张一般偏“嫩”，看上去水头很好，其实这是经过入胶的必然结果。

B 货翡翠与相同水头的 A 货翡翠的区别在于，A 货翡翠光洁柔润，而对 B 货饰件抛光表面进行放大观察，可见许多纵横交错的纹理，这是翡翠在被浸泡过程中，结构被破坏的结果。入胶过程并不能完全弥补这种结构上的破坏。

（3）听声。B 货翡翠的饰件（如手镯）相互碰击，其声音较为沉哑，而 A 货翡翠铮亮清越。

（4）测密度。将翡翠饰件放入到密度为 3.32 g/cm^3 的二碘甲烷溶液中，如果饰件上浮则大多为 B 货。

（5）测荧光。部分入过胶的 B 货翡翠在紫外荧光下会有蓝白色的荧光。但这一测试并不总是有效的，部分 B 货翡翠经过处理或改变了胶的成分也可以不发荧光。

（6）做红外光谱测试。红外光谱测试一般被认为是现阶段鉴别 B 货翡翠最有效的方法。这是因为 B 货翡翠如经入胶，胶的成分大多为有机物，其中的 C—H 键很容易被红外光谱记录到，呈现特征的吸收振动。据现有的一些资料，如红外光谱中的 2 900～3 000 cm^{-1} 附近有 C—H 键的特征峰，一般可下结论，被测定翡翠为 B 货翡翠。

3. C 货翡翠的鉴定

（1）颜色局部较均匀，找不到颜色起源（“色根”）。

（2）颜色分布常呈丝状和爪状。这是因为翡翠是纤维状、细长柱状硬玉的集合体，翡翠染色，染料最容易沿矿物颗粒的边隙进入，因而多呈丝状。这一特征一般用 10 倍放大镜即可观察到，有时肉眼也能看清。

（3）部分 C 货翡翠在切尔西滤色镜下会变红色。但值得注意的是，切尔西滤色镜下不变红的并不一定是 A 货翡翠，因为部分 C 货在切尔西滤色镜下并不变红。

（4）通常在 C 货翡翠的一些裂隙处可发现有绿色的染料，或绿色沿裂隙分布。

（5）C 货翡翠的吸收光谱可呈现 Cr 元素的吸收带，但一般谱线模糊，有时可见 Ni 或其他元素的吸收带。

值得注意的是，一般人总认为 C 货翡翠一定是低档劣质翡翠入色的，但事实上一些原来有绿色的中高档者，有时也会做入色处理以增加其价值（B 货+C 货）。由于这种翡翠既有天然颜色又有人工染色（目前国际上对经染色处理的有色宝石一般用字母 D 表示），因而鉴定时需小心，不能见到有天然绿色就认为全部颜色都是天然的，以免上当受骗。

（九）赝品的鉴别

用来仿翡翠的主要有马来玉、澳洲玉、玻璃、染色大理石等玉石，最近国内市场上常见将青海玉当作缅甸玉出售。这些赝品一般和翡翠具有不同的特征，只要留意这些特征，一般都易于识别。

从外观上看，翡翠与这些赝品的区别特征有：

翡翠与马来玉：马来玉质地细腻，颜色均匀翠绿，颇像极高档的翡翠，但在 10 倍放大镜下，它没有翡翠常见的晶体闪光。在二碘甲烷中，马来玉上浮。

翡翠与澳洲玉：澳玉是绿色的玉髓，颜色大多呈苹果绿及蓝绿，颜色分布均匀，结构细腻，其色往往“无根”，没有翡翠斑片状的色斑。在二碘甲烷中也上浮。

翡翠与独山玉：高档透明度好的独山玉非常似翡翠，其结构和翡翠相似，密度也较接近。但独山玉一般品种较“干”，杂色也较多，同一块原料或雕上可同时出现绿、褐红、墨、褐等几种颜色。严格的鉴定需准确测定各种数据。

翡翠与青海玉：青海玉是中国青海近年发现的新的玉种，其色青翠，与翡翠有几分相似。较重要的区别是青海玉的色往往泛青黄，颜色分布呈斑点状而不是斑片状。结构为粒状结构，且质地大多一致无变化。在二碘甲烷内，青海玉下沉，折光率较高，为 1.73。

翡翠与玻璃：市场上有时也可见一些玻璃类的仿玉赝品，实际上两者区别还是比较容易的。玻璃没有翡翠的纤维结构，在 10 倍放大镜下玻璃及料内通常可见气泡及涡流结构，据此即可区别。

（十）翡翠饰品的选购

（1）最紧要是色好、种好。色要翠绿，“浓、正、阳、和”；种最好是老坑玻璃种，但价钱昂贵。一般人想买价钱适中而又显档次的，则可选芙蓉种带绿的饰品。

（2）挑翡翠饰品要认真看是否有绺裂、瑕疵。一般将饰件对光观看，有裂纹瑕疵的均会显示；如裂纹已到表面，用指甲刮会有受阻的感觉。

（3）注意饰品的加工工艺及形制。凡是工艺好的饰品，一定会线条清晰，比例协调，形制饱满。如果太厚或太薄或比例失调，则一定是另有原因，价钱自然较低。

（4）购买翡翠镶嵌的戒指，特别是翠绿价贵的，最好不要是闷镶的（即从戒指下部看不到玉戒面）。否则，应特别小心。

（5）黄金有价，玉无价。翡翠的价格往往和个人爱好及鉴赏能力有关。但是一般人选购贵价翡翠最好不要表露自己的特别爱好，否则价钱自然降不下来。

宝石级的翡翠仅发现在缅甸北部乌尤河流域，产于前寒武纪地层中呈北东向延伸的蛇纹石化橄榄岩体内。

第六章　珍珠鉴赏

第一节　概　述

珍珠主要是女性的宝石，珍珠的美与众不同，珍珠的光彩华丽高贵。有“宝石皇后”之称。中国广西合浦珍珠的闻名已有几千年的历史。世界上天然珍珠的重要产地是波斯湾沿海地区。这种珍珠商业上称为“东方珍珠”。它通常有奶油白色的本体色，并有良好的珍珠光泽和韵彩。其他著名产地有斯里兰卡与印度之间的海湾；澳大利亚西北和东北岸、南海诸岛及墨西哥海湾、日本、中国，等等。而养殖珍珠最著名的产地是日本、中国及澳大利亚。另外，法国及美国、印度等是比较著名的珍珠加工销售集散地。

中国历代王朝视珍珠为国宝，从清朝慈禧太后死后陪葬珍珠的数量，就可略见一斑。据《爱月轩笔记》记载，慈禧死后棺里铺垫的金丝锦褥上镶嵌的珍珠就有 12 604 颗，其上的丝褥上铺有一钱重的珍珠 2 400 颗，价值 132 万两白银；遗体头戴的珍珠凤冠顶上镶嵌的一颗珍珠重达 4 两，大如鸡卵，价值 2 000 万两白银。据此便知这些珍珠的价值了。

在国外，从古罗马时代起，珍珠就已成了皇室的专有品，如英国女王伊丽莎白一世就是极著名的珍珠爱好者。统治者为了独占珍珠的“豪华”，甚至采用立法手段来限制国民及一般贵族使用佩戴珍珠，只有皇室贵族才能享受其奢侈。例如，公元 1612 年，撒克逊人君主立的法规：贵族不能穿任何的金或银或珍珠装饰的衣服。这种条文在宝石史中可谓绝无仅有。

珍珠是 6 月生辰石，代表着健康和长寿。在中国，珍珠还是一种具有重要药用价值的珍宝。中国古代医学巨著《本草纲目》就记载它有“滋润颜，镇定安神”的神奇功效。现今很多化妆品都纷纷打着珍珠粉、珍珠膏的旗号等来招徕顾客。因而有人认为戴珍珠项链对长期在办公室环境低头工作的人，有舒缓肌肉疲劳、缓解精神紧张的作用。

第二节　珍珠的形成和养殖

珍珠根据其成因可分成天然珍珠和养殖珍珠两种，而根据其来源则可分为海水珍珠、湖水珍珠及淡水珍珠三种。

珍珠成长水体微量元素的不同导致珍珠的颜色也有差异，可分浅色组、有色组及黑色组三类。浅色组包括白色和粉红、玫瑰等色；有色组包括浅到中等的黄色、绿色和蓝色等色调；黑色组是指钢灰色—黑色的珍珠。黑色珍珠是珍珠中最名贵的，只产在世界有限的几个地方，如南太平洋的玻利尼西亚群岛海域（彩图 63）。

天然珍珠是蚌类软体动物受到外界物质，如海水中的沙粒、生物碎屑刺激而分泌形成的一种含有机质的矿物文石颗粒。这种产珠的蚌类软体动物中有一层将壳与身体主要部分分开的套膜组织。套膜的外层称为外套膜或皮膜，皮膜可分泌出各种不同的物质形成壳及珍珠皮层。

当海水中的“异物”如沙粒或细菌侵入到蚌的体内时，套膜中的一部分便会“包裹”起这种异物以减轻它对蚌的刺激。随着外套膜不断分泌出碳酸钙和有机质，一层层地包裹起这种异物，经过若干年，人们从海里偶然捞起这只珍珠蚌时，便会发现其内有一粒闪烁着迷人光彩的珍珠。

在中国，很早以前（宋代），人们便发现了河里某些蚌的这种特殊的功能，并开始人为地在蚌的体内插入一些由铜、铅等做成的菩萨等物，经过一段时间再把这些菩萨取出来，菩萨的表面便有一层外套膜的分泌物，它们具有珍珠一样的晕彩，因而深受欢迎。这也是最早的养殖珍珠（佛像珍珠）。早期养殖珍珠产量是较低的。只是到了宋代，礼部侍郎谢公言发现在蚌内放入由一些珍珠母贝（即壳）研制的珠，能大量提高蚌的生存率，并可形成外形与天然珍珠相似的珍珠时，真正的珍珠养殖技术才开始形成。

18 世纪中叶珍珠养殖技术传入欧洲，随后又传入日本，在日本开花结果、发扬光大，形成现代最大规模的珍珠养殖业。以致有人将养殖珍珠说成是“MIKIMOTO”珍珠。

现在的人工养珠过程，一般分成三个步骤：

第一步是培育珠苗。先是在天然珠“池”（产珠的海域）收集能产珠的珠贝，进行珠苗人工繁殖，从孵化出的珠苗到长成插核的母贝，一般需要经过 2～3 年时间。

第二步是在长成的珠贝内殖入“珠核”。这是人工殖珠的关键，其“手术”一般由专业技师完成。

养殖珍珠的最后一步，即进行收珠作业，大珠贝在收珠前逐个进行 X 射线透视，然后确定开贝；淡水珍珠一律开贝取珠。

珠核一般是用某些特殊的蚌壳制成的圆球。例如，在广西合浦是用淡水蚌壳磨成小球作核；而在南太平洋群岛养殖黑珍珠，其核大多来自密西西比河珍珠母贝切割抛磨成的小球。圆球的大小一般在 1～10 mm，核的大小往往决定了日后产珠的大小。当珍珠蚌被殖入珠核后，便会被单独放入网袋或串在尼龙丝中放回到环境变化小的海水或淡水中进行笼养 2～3 周，让“手术”后的珠贝愈合刀伤并形成珍珠囊，然后放到养珠场放养。一般 1 年后，放入的珠核表面可增加 0.3～0.75 mm 的珍珠层厚，养殖 2 年以上的则可达 2～

2.5 mm。珠贝的成活率一般只有 40%～50%，而只有 75%的成活珠贝中含有珍珠。经过 1～2 年的养殖便可采珠。

淡水无核养殖珍珠与海水养珠的唯一区别，是淡水珍珠“无核”，珠形不是圆形的，养成的珠的形态也往往不固定，可谓千姿百态，而每个珠蚌一次产珠的数量也较海水珍珠多，因此淡水养珠比海水养珠要便宜一些。

第三节 天然珍珠与养殖珍珠的鉴别

从上述珍珠的养殖过程我们便可以了解天然珍珠与养殖珍珠的不同，主要是在核上。天然的往往只是一些砂粒、细菌，核极小，甚至没有核，其生长环境是随机的，水体也无人为的影响。而养殖珍珠则有一个很大的核，珍珠的形成是在人工养殖场完成的。这样实际上就形成了两者本质的区别。

天然珍珠中的主要组成成分“文石”是呈放射状、从里到外排列的；而人工养殖珍珠的核是“珠母贝”的壳层，因而其“文石”是水平层状向外生长的，只有到表皮增生的珍珠层才呈放射状。

虽然我们已经知道了天然珍珠与养殖的结构区别，但由于其成分及外观都极其相似，要在不损坏珍珠的情况下鉴别是天然的还是养殖的实在不容易，这项工作也是所有宝石鉴别中最复杂的，有时甚至要在实验使用大型科学仪器，如 X 射线衍射仪等才能完成。但是作为经验，下面的一些方法是有用的。

对于末穿孔的珍珠，可将它放在一个开 1～2 mm 小孔的不透明挡板前，在挡板后面用强光照射，然后对着小孔透过的强光转动珍珠观察。如果是人工养殖珍珠，一般便可看见其核内部产生的条纹效应，即珍珠表面会出现一些明暗不一致的条纹。这种方法对于检测一些成串的珍珠更有效，如果成串珍珠都有条纹效应，便有足够理由怀疑它为养殖珍珠。但是，一些养殖时间较长、珠层较厚的养殖珍珠，有时也可能不出现条纹，因而光凭没有条纹也不能马上肯定为天然珍珠，要给合下面的一些特征。

对于一些已穿孔的珍珠，用强光照射穿孔，用放大镜仔细观察，如果是养殖珍珠，一般能看到珍珠内有一条褐色明显的界线，那是殖入的核与后来生长出来的珍珠层之间的分界部位。

用比重液进行区分。一般养殖珍珠由于其核是珍珠母贝壳，密度较一般的珍珠层大，养殖珍珠平均密度一般为 2.75～2.76 g/cm^3。而波斯湾天然珍珠密度平均为 2.71 g/cm^3；澳大利亚的天然珍珠密度为 2.66～2.78 g/cm^3。因而可以在密度为 2.89 g/cm^3 左右的三溴甲烷溶液中投入一块密度为 2.72 g/cm^3 的冰洲石，然后缓慢加入二甲烷溶液，直到冰洲石处在漂浮状态，这时得到的比重液的密度为 2.72 g/cm^3 左右。如果将珍珠投入，则 80%的天然珍珠会上浮，而90%的养殖珍珠会下沉。但是必须说明的是，这种方法对珍珠的品质有影响，会使珍珠容易变质，从而易损坏，因而如不是大批量的抽样，最好不要做单独鉴定。

天然珍珠由于生长时间长，珍珠层厚，因而一般“珠光”圆润厚实，且表皮光滑、少“疱”。

多数养殖珍珠由于养殖时间短，往往 1～2 年甚至几个月就取珠，因而珠层薄，光泽带“蜡状”，珠光“浮”浅，更加上人工养殖珍珠的水体容易受微生物等生物病菌的侵扰，在养殖珠的表面往往易形成一些凹的小“脓疱”。

第四节　珍珠与仿制品的区别

由于珍珠深受女士们的喜爱，加上珍珠的形成需要一个较长周期，以及天然珍珠逐渐减少，刺激了珍珠养殖业的发展，同时也促使了许多珍珠仿制品的出现。

目前，在市场上经常出现的珍珠仿制品是用珍珠贝壳磨成圆球，再“涂”上或用真空处理上一层“珠粉”做成的工艺珠。这种工艺珠的表层大多并非真正的珍珠粉末，而往往是一些“化学代用品”。

一些非法谋利者，常常称这种工艺珠是用天然珍珠粉压成的珍珠，比真的珍珠更有益身体。有的则将此种贝壳称为“南洋珍珠”，当成真的珍珠而牟取暴利。

从珍珠形成过程及工艺珠的制作过程，我们可以了解到两者虽然核是近似的，但其实不同。养殖珍珠是由蚌分泌出珍珠层包裹而成的，生长周期长且对人体有益。而工艺珠则纯粹是“工艺”产物，可以大量生产，因而两者价格相差几十甚至几千倍。

除“贝壳珠”外，还有一些用塑料或玻璃做核而在表面染上一层“珠粉”或其他化学物质做成的假珠。

真珍珠与这些“伪珍珠”的区分可以从以下几方面进行：

其一，伪珠是人工粉末“吸咐”或“浸涂”在核上的，其表面往往较薄，易发生“脱皮”现象。而天然或人工养殖珠则一般不会发生“脱皮”。

其二，伪珠的光泽虽然也明亮，但显得过于“单调”和尖锐，而没有真珍珠的那种珍珠晕彩。

其三，贝壳珠因价值不大，因而做核时，抛磨往往不够。有些核经常残留一些直的小平面，“涂”上表面后，因粉太薄且均匀，无法填补这些平面而成弧形，因而在做成的珠上往往也有小平面。而天然珍珠不会出现这种平面。人工养殖珍珠养殖较长的，往往也没有这种平面。

其四，质量一般的天然珍珠及养殖珍珠的表面往往有一些小的凸起，但伪珠的表面则往往平滑。

其五，真正的珍珠用牙轻轻咬，会有砂感，而伪珠往往是滚滑的感觉。另外，真珍珠的手感较冷，而伪珠往往温腻。结合以上特征，一般就可将真珍珠与伪珠分开。

第五节　珍珠的分级及评估

珍珠最初是根据大小来进行分级的。当珍珠从珠蚌中取出来后，要非常小心地清理好表面，然后据大小过筛分出几个级别。在同一级大小的珍珠中，又根据质量的好坏分成若干级别。

例如，我国著名的合浦珍珠的等内珠一般分成四等。一等品是指呈圆球或半圆球、直径在 10 mm 以上，表面呈玉白色，珠光圆润光滑的珍珠。二等品为圆球形、长圆形、水滴型等形态规则，大小不等，色泽较一级略次，珍珠表皮光滑细腻呈粉红、玉白、浅黄色等色的珍珠。三等品为圆形、长圆形、扁块形等有珠光但往往可见细纹的各色珍珠。四等品为珠光差、形状不规则，珠表面往往有沟纹的珍珠。

从以上的分类我们不难看出，珍珠的质量分级及价值的评估主要是根据以下几个因素。

光泽：珍珠的光泽是其最突出的因素，又称为珍珠晕彩。对珍珠而言，大小固然重要，但要是没有光彩照人的珠光，那么再大的珍珠也只能做“标本”。光泽的好坏，涉及珍珠养殖的时间长短、珍珠层的厚度、珍珠母蚌的健康情况等因素。只有在最有利的生长环境下，经过较长时间，如 3～4 年生长的珍珠，才可能珠光闪烁、光彩照人。因此光泽是评估珍珠价值的第一因素。

大小：在光泽好坏已定的前提下，珍珠的大小是评估其价值的重要基础。中国人有“七分珠八分宝”之说，是说珍珠超过八分重就是宝贝了。而一般珍珠的价格是在某个档次的基础上加上重量的平方，因而珍珠重量对价值的影响有些像钻石是不容忽视的，这一因素对天然珍珠尤为重要。

形状：对于珍珠，人们一般喜欢给一些形状规则的珍珠出好价钱，如圆球形或水滴形、椭圆形等。而对于一些不规则形态的珠，则不愿出价。当然，有时也会有例外，特别是一些珠宝收藏家，他们往往对一些奇形怪状的珍珠（异型珠）感兴趣。在中国，球形珍珠又被称为滚盘珠，这种珠放在盘子上会随意滚动。

质地：质地是指珍珠的结构及表面特征。一点瑕疵都没有的珍珠是极少的，但珍珠表面出现的一些划伤、凹坑以及凸疱等会影响珍珠的总体价值。因珍珠蚌健康状况不好或营养不良而在腰部出现白斑环的珍珠则被称为病珠，同有腰线的珍珠一样，同样卖不出价。

颜色：有时颜色对珍珠的价值也有举足轻重的影响，特别是同一档次的珠中，如黑珍珠则较一般的珍珠值钱。但发黄色的珍珠却不受人喜爱，因而中国人有“人老珠黄”的成语，是认为泛黄色的珠就像“人老”一样缺乏青春活力，因而自然价值较低。但是要注意的是，有时颜色对价值的影响并不是固定的，特别是对不同的国家、不同的民族而言。同一种颜色，人们的态度有时会截然不同。例如，美国人喜欢粉色及玫瑰红色的珍珠，中国人喜欢白色珍珠，而日本人则钟情金黄色的珍珠。

搭配：这一点主要是对一些珠串及组合在一起的珍珠首饰而言的。如果分级得当，颜色、形状、光泽等都能相互呼应，珍珠之间组合和谐，那么整串珍珠或首饰的价值可能超过珍珠单粒价值的总和。

对一些已钻孔的珍珠，钻孔的好坏对珍珠的价值也有影响。例如，对一些表面局部有瑕疵，如凹坑及凸疱的珍珠，如钻孔得当，可能就使其瑕疵消失，并提高其档次。

珍珠的价格实际上就是以上各种因素，加上市场供求因素综合的结果。

第六节　珍珠首饰选购佩戴与保养

（1）选购珍珠，最紧要是要选珠光圆润、韵彩柔和的。通常，珠层厚、珠光好的珍珠除主体色外，都会有伴色，如白色中泛出粉红或奶油色，这是晕彩所致。

（2）皮光细腻，皮质致密，表面没有或少有凹凸疱的珍珠为上选。如果是作珍珠戒指或耳环等首饰，有疱也应在不显眼的位置。

（3）除有特别用途外，最好选形状规则的珍珠，如圆形、椭圆形等。如做坠子，水滴型也是很好的选择。

（4）珍珠的颜色选择实际上可各取所需。因养殖珠收获后多会有漂白去脏的工序，因而有时很白的珠，并不比呈某种天然色彩的珠好。但是，明显泛黄及色彩太浓的珍珠（黑珍珠除外），也很难搭配。

（5）在同样的价格下选珍珠项链，应留意珍珠在形状、颜色等方面的搭配。搭配好的较搭配差的佳。

（6）佩戴中的五注意：珍珠项链与肤色的搭配；与本人的年龄相宜；体型、脸型与珠链的搭配；与服装的搭配；与季节的关系；

珍珠的保养应尽量不接触化妆品、油汗等；珠光保持期 10～15 年。

参考文献

[1] 宋春青，邱维理，张振青. 2010. 地质学基础. 北京：高等教育出版社.

[2] 舒良树. 2010. 普通地质学. 北京：地质出版社.

[3] 于炳松，赵志丹，苏尚国. 2012. 岩石学. 北京：地质出版社.

[4] 桑隆康，廖群安，邬金华. 2000. 岩石学实验指导书. 北京：中国地质大学出版社.

[5] 林培英. 2011. 晶体光学与造岩矿物. 北京：地质出版社.

[6] International Mineralogical Association. 2008. New minerals recently approved by the IMA-CNMNC. Elements，4（1）：66.

[7] 董振信，李胜胜. 2000. 钻石. 北京：地质出版社.

[8] 方泽. 2004. 中国玉器. 北京：百花文艺出版社.

[9] 李兆聪. 1993. 宝石鉴定法. 北京：地质出版社.

[10] 周国平. 1990. 宝石学. 北京：中国地质大学出版社.

[11] 叶俊林.1987.地质学基础. 北京：地质出版社.

[12] 南京大学地质学系岩矿教研室. 1978. 结晶学与矿物学. 北京：地质出版社.

[13] 刘宁，齐童. 2000. 我国翡翠源流之评考. 珠宝科技，（4）46-47.

彩图

彩图 1　绿柱石晶体

彩图 2　方铅矿晶体

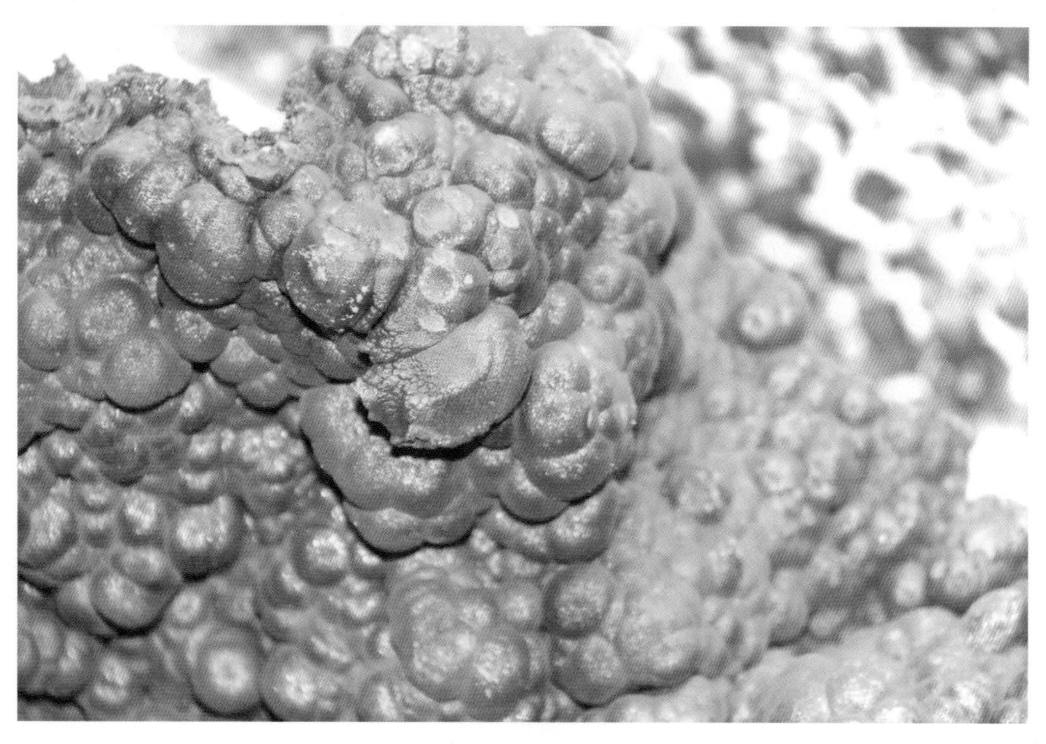

彩图 3　葡萄状集合体——孔雀石

彩图 4　玛瑙

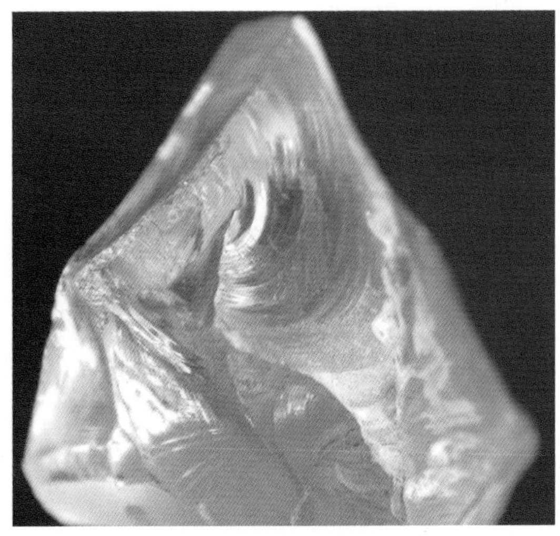

彩图 5　贝壳状断口

彩图 6　辰砂

彩图 7　辉锑矿

彩图 8　萤石八面体解理

彩图 9 石英晶簇

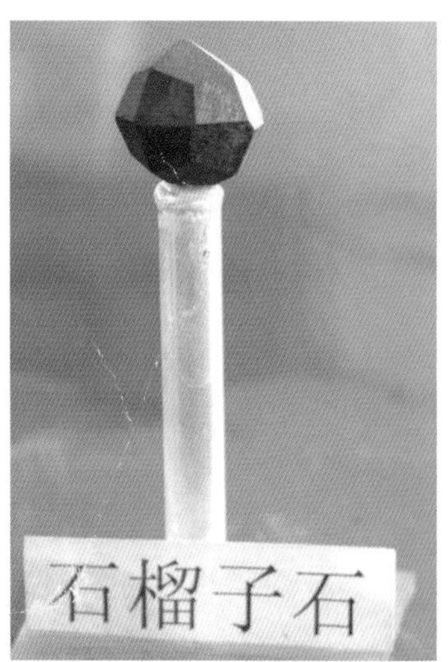

彩图 10 石榴子石晶体

彩图 11 白云母

彩图 12 黄铁矿

彩图 13 自然金

彩图 14　萤石

彩图 15　蓝宝石

图 16　锡石

彩图 17　方解石与黄铁矿共生

彩图 18　蓝铜矿与孔雀石共生

彩图 19　硬锰矿

彩图 20　橄榄石

彩图 21　花岗岩

彩图 22　流纹岩

彩图 23　玄武岩

彩图 24　砾岩

彩图 25　竹叶状灰岩

彩图 26　白云岩刀砍状溶沟

彩图 27　千枚岩

彩图 28　红柱石角岩

彩图 29　片麻岩

彩图 30　玄武岩显微结构照片（正交偏光 ×4）

彩图 31　玄武岩显微结构照片（单偏光 ×4）

彩图 32　辉长岩显微结构照片（正交偏光 ×4）

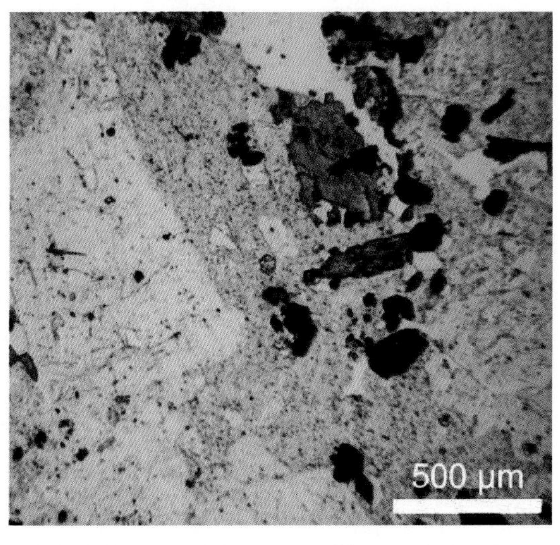

彩图 33　安山岩显微结构照片（单偏光 ×4）

彩图 34　闪长岩显微结构照片（单偏光 ×4）

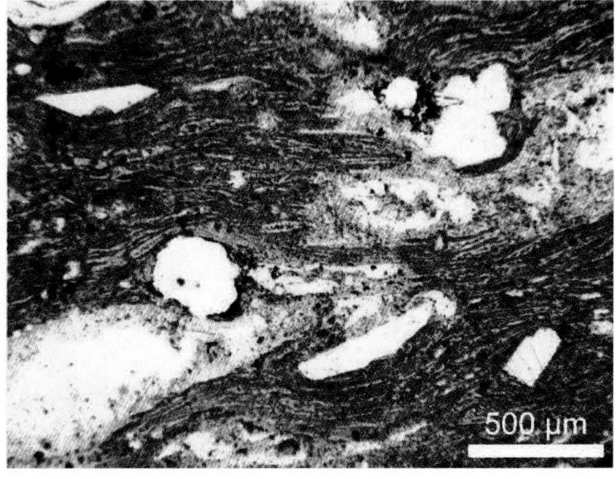

彩图 35　流纹岩显微结构照片（单偏光 ×4）

彩图 36　砂岩显微结构照片（单偏光 ×4）

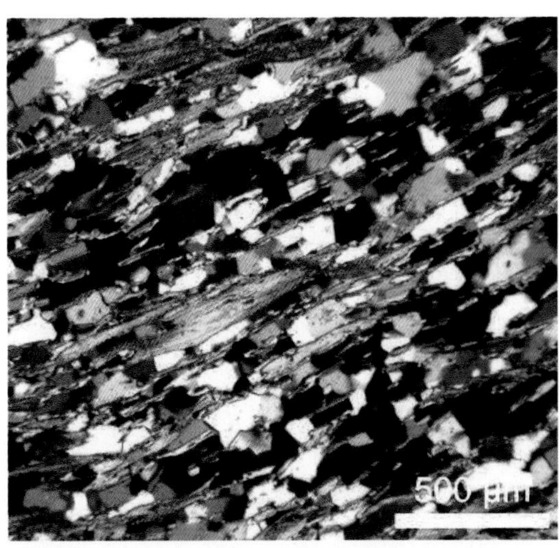

彩图 37　石英云母片岩显微结构照片（正交偏光 ×4）

彩图 38　片麻岩显微结构照片（正交偏光 ×4）

彩图 39　大理岩显微结构照片（单偏光 ×4）

彩图 40　石英岩显微结构照片（正交偏光 ×4）

彩图 41　哥伦比亚祖母绿

彩图 42　金绿猫眼

彩图 43　星光蓝宝石

彩图 44　各色欧泊

彩图 45　红宝石的多色性

彩图 46　红宝石晶体

彩图 47　3 克拉钻石

彩图 48　粉色蓝宝石

彩图 49　蓝宝石

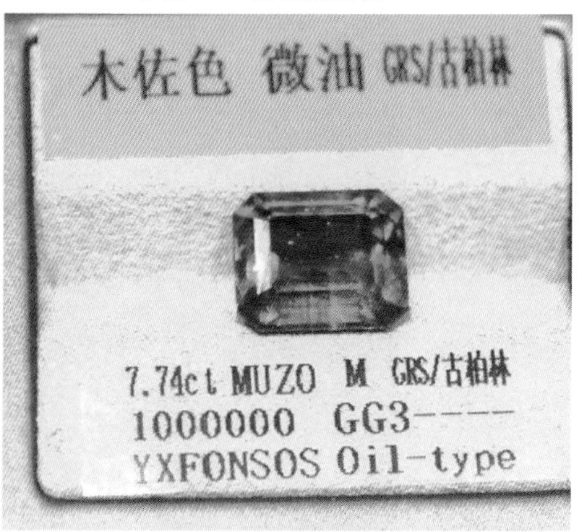

彩图 50　长方型琢型祖母绿

彩图 51　碧玺

彩图 52　改色托帕石

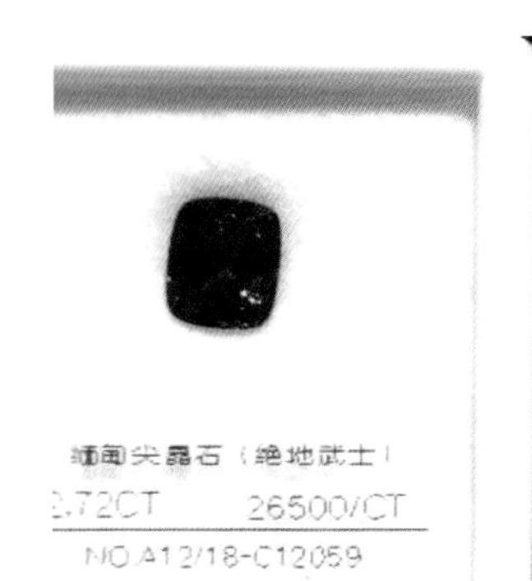

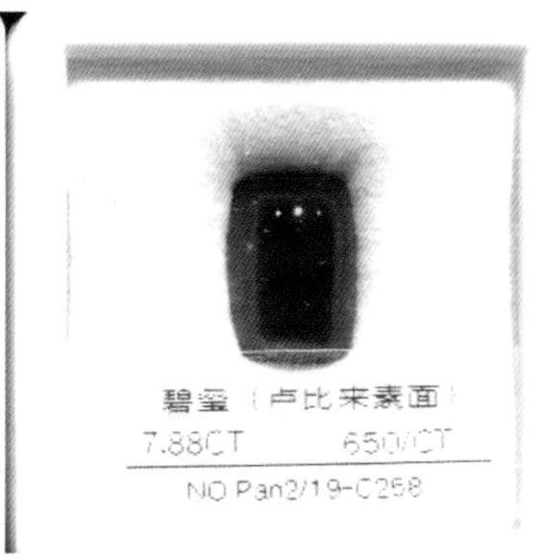

彩图 53　尖晶石

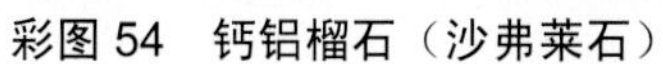

彩图 54　钙铝榴石（沙弗莱石）

彩图 55　紫晶晶洞

彩图 56　木变石手链

彩图 57 绿松石

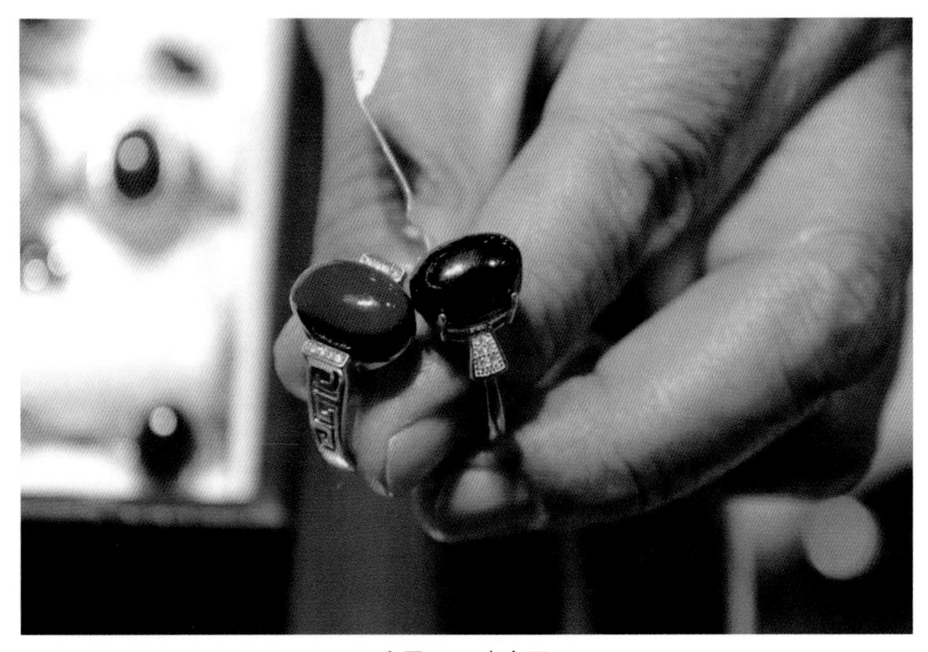

彩图 58 青金石

彩图 59　岫玉飞天

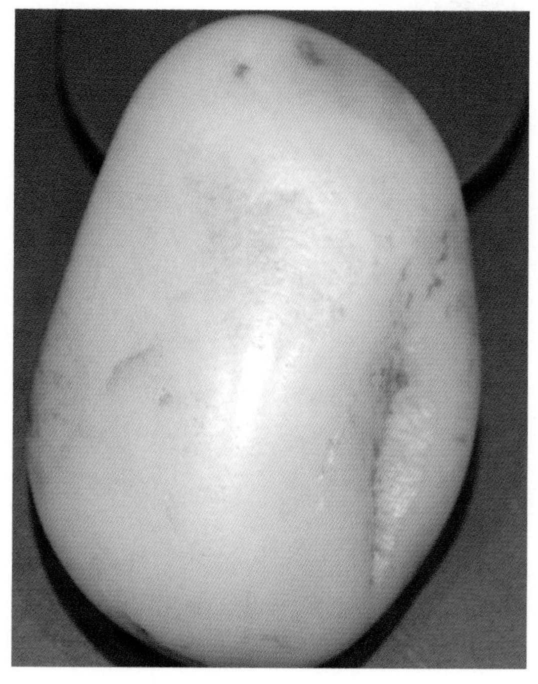

彩图 60　软玉籽料

彩图 61　冰种翡翠

彩图 62　冰种阳绿翡翠

彩图 63　南太平洋黑珍珠